漸近解析入門

漸近解析入門

江沢 洋 著

岩波書店

まえがき

　本書は，1995年に初版がでて1999年に第2刷がでた岩波講座・応用数学の『漸近解析』の単行本化である．この機会に必要な訂正をし，かつ第5章 Padé 近似を加えた．書名も変えて入門書であることを明示した．

　漸近解析は，たとえば運動方程式の解が長い時間の後でどのように振舞うかを解析的に見いだそうとする．長い長い時間の後の解の挙動を計算機でもとめるのは難しい，初期条件から始めてこつこつと解き進めて得られる答は，いくら頑張っても有限の時間に対するものである．有限の時間でも，長いと誤差が集積するだろう．漸近解析は，それに対処するだけでなく，ある時間 T からさき，無限の未来までの様子を鳥瞰しようとする．それは難しい問題だ．だから正確でなくてもよい．近似解でもよいが，T を大きくすればいくらでも真の解に近づくようなものをもとめよう．こうして漸近的に正しくなる解を目標にするから漸近解析というのである．

　微分方程式の解は，しばしば積分や級数の形で正確に表示できる．しかし，その表示から解の挙動を読みとるのは容易でない．一般に，積分や級数がパラメタ τ を含む場合，$\tau \to \infty$，あるいは $\tau \to 0$ におけるそれらの値を，漸近的にでもよいから見いだすこと，これも漸近解析の課題である．

　量子力学をはじめ，物理のいろいろの分野で摂動論がつかわれる．問題が小さなパラメタ α を含む場合，その解が α のベキ級数の形に書けると仮定して，その係数を定める方法である．しかし，それで得られる級数は多くの場合に発散する．α がいくら小さくても発散という場合が多い．たとえば，水素原子に一様な電場をかけたときエネルギー準位はどれだけずれるか？ 量子力学のたいていの教科書が摂動論で扱っているこの問題でも，考えてみると摂動論が意味をもつとは思われない．なぜなら，一様な電場をかけたら，それがどんなに弱くてもトンネル効果で電子は原子から抜け出してしまい，正確なエネルギー準位などなくなってしまうはずだからである．事実，この場合，摂動級数は発

散する．ところが，その級数を有限項で止めておくと，少なくとも電場が十分に弱い場合には，実験とのよい一致が得られる．これはいったい何なのか？

問題の解がパラメタ α の関数として存在する場合にも，摂動級数は発散することが多い．それでも，級数をある有限項でとめると，α が小さいほど近似がよくなるという場合もある．その級数は漸近級数とよばれる．欲ばって無限項まで加えようとすると発散する．では，α が与えられたとき何項までとるのがベストか？ いっそ，発散級数から真の解を構成することはできないか？ これらに答えることも漸近解析の課題である．

この本の第 1 章は漸近解析への導入で，力学の簡単な例題から始めて漸近級数を紹介する．第 2 章では積分の漸近値の計算法を，第 3 章は，その続きで，峠道の方法あるいは最急降下法とよばれる方法を説明し，応用として確率論の大偏差原理と量子力学の古典極限に触れる．第 4 章は発散級数とのつきあい方である．発散級数の Borel 総和法を詳しく説明したが，これは場の量子論でも摂動級数の発散の処理に用いられる重要なものである．それに劣らず重要な，そして実用上はより便利だともいえる Padé 近似を説明するのが新しい第 5 章で，x^4 項を摂動とする非調和振動子の量子力学を，他に例をみないくらい詳しく扱った．微分方程式の解の漸近解析など，ほとんど立ち入ることができなかった話題については，巻末に補足として加えた参考書を見ていただきたい．

斎藤 慎さんと入沢寿美さんは §5.4 (b) の数値計算をしてくださった．中村徹さんは，旧版と新原稿を丹念に読んでたくさんの注意をくださり，校正も手伝ってくださった．記して感謝する．本の内容に関して責任が私にあることは言うまでもない．説明の不十分なところや誤りなど，御叱正いただければ幸いである．

岩波書店の吉田宇一さんには終始お世話になった．心から御礼を申し上げる．

2013 年 7 月

江 沢 　 洋

目 次

まえがき

第1章 漸近展開 1
 §1.1 漸近ベキ級数 1
  (a) 質点の長時間挙動 1
  (b) 漸近ベキ級数 4
 §1.2 漸近展開 6
 §1.3 漸近ベキ級数の算法 7
 §1.4 級数の収束を速める方法 10
  (a) 収束級数の場合 10
  (b) 漸近ベキ級数の場合 15
 演習問題 18

第2章 積分の漸近展開 21
 §2.1 部分積分による方法 21
  (a) 累積 Gauss 分布の漸近展開 21
  (b) Stokes 現象 23
  (c) Dawson 型の積分 25
 §2.2 級数展開による方法 26
  (a) 丸めた主値積分 26
  (b) 漸近展開の実行 27
 §2.3 Fourier 変換 28
 §2.4 Laplace 変換 30
  (a) Watson の補題 30
  (b) 角領域についての注意 32

		(c) Fourier 変換への応用 · · · · · · · · · · · · ·	33
	§2.5	積分区間の分割 · · · · · · · · · · · · · · · · · · ·	34
		(a) 楕円積分の漸近値 · · · · · · · · · · · · · · · ·	34
		(b) 誤差の評価 · · · · · · · · · · · · · · · · · · ·	38
	演習問題 ·		39
第 3 章	峠道の方法 ·		43
	§3.1	積分への寄与の集中化 · · · · · · · · · · · · · · ·	43
		(a) 考え方 ·	43
		(b) 峠の道 ·	45
	§3.2	鞍点法 ·	50
	§3.3	最急勾配法 ·	52
	§3.4	峠道をはずれた積分 · · · · · · · · · · · · · · · · ·	56
		(a) $\|\chi\|<\pi/2$ の場合 · · · · · · · · · · · · · · · · ·	57
		(b) $\pi/2<\chi<3\pi/2$ の場合 · · · · · · · · · · · ·	57
		(c) $\chi=\pm\pi/2$ の場合 · · · · · · · · · · · · · · ·	58
	§3.5	確率論における大偏差原理 · · · · · · · · · · · ·	59
		(a) 中心極限定理 · · · · · · · · · · · · · · · · · · ·	59
		(b) 大偏差原理 ·	60
	§3.6	量子力学的運動の古典極限 · · · · · · · · · · · ·	63
		(a) 波動関数と視野を拡げる変換 · · · · · · · · ·	63
		(b) Hermite 多項式の漸近形 · · · · · · · · · · · ·	66
		(c) 波動関数の古典極限 · · · · · · · · · · · · · ·	74
	演習問題 ·		76
第 4 章	発散級数の解釈 ·		83
	§4.1	簡単な例 ·	83
	§4.2	総和の一意性 ·	85
	§4.3	級数総和法 ·	87
		(a) 総和法の定義 · · · · · · · · · · · · · · · · · · ·	87
		(b) 線形性 ·	87

（c）	正則性の条件 ・・・・・・・・・・・・・・・	88
§4.4	種々の総和法 ・・・・・・・・・・・・・・・・	90
（a）	Cesàro の総和法 ・・・・・・・・・・・・・	90
（b）	Abel の総和法 ・・・・・・・・・・・・・・	93
（c）	Borel 総和法 ・・・・・・・・・・・・・・・	95
（d）	Borel′ 総和法 ・・・・・・・・・・・・・・	96
（e）	Borel* 総和法 ・・・・・・・・・・・・・・	98
§4.5	総和法と解析性 ・・・・・・・・・・・・・・・	99
演習問題 ・・・・・・・・・・・・・・・・・・・・・・		106

第5章 Padé 近似 ・・・・・・・・・・・・・・・・ 109

§5.1	Padé 近似 ・・・・・・・・・・・・・・・・・	109
（a）	漸近級数の総和法 ・・・・・・・・・・・・・	109
（b）	Stieltjes 関数 ・・・・・・・・・・・・・・	111
§5.2	Padé 近似の収束 ・・・・・・・・・・・・・・	115
（a）	準備 ・・・・・・・・・・・・・・・・・・	115
（b）	収束の証明 ・・・・・・・・・・・・・・・	118
§5.3	Stieltjes 関数の判定条件 ・・・・・・・・・・	120
（a）	必要条件 ・・・・・・・・・・・・・・・・	121
（b）	十分条件 ・・・・・・・・・・・・・・・・	122
§5.4	非調和振動子の摂動論への応用 ・・・・・・・・	123
（a）	エネルギー固有値の性質 ・・・・・・・・・	124
（b）	摂動級数の Padé 近似 ・・・・・・・・・・	131
演習問題 ・・・・・・・・・・・・・・・・・・・・・・		135

参考書 ・・・・・・・・・・・・・・・・・・・・・・・・ 137
演習問題解答 ・・・・・・・・・・・・・・・・・・・・・ 141
索引 ・・・・・・・・・・・・・・・・・・・・・・・・・ 167

第1章
漸近展開

　漸近展開とは，一つの級数展開で，その級数は必ずしも収束しないが，変数（あるいは，その逆数）が十分に小さければ有限和がよい近似を与えるようなものである．その例からはじめて，いくつかの重要な概念を導入する．

§1.1　漸近ベキ級数

　運動方程式の解が長い時間の後どのように振舞うかを見るため，解を時間の逆数のベキ級数の形に求める．

（a）　質点の長時間挙動

　一直線上を速度に比例する抵抗を受けながら運動する質点に，力 $F(t)$ を加える．その運動方程式

$$m\frac{\mathrm{d}v}{\mathrm{d}t} + kv = F(t) \tag{1.1}$$

の，$t=t_0>0$ において $v=v_0$ という初期条件に応ずる解は

$$v(t) = v_0 \mathrm{e}^{-\kappa(t-t_0)} + \frac{1}{m}\int_{t_0}^{t} F(s)\mathrm{e}^{-\kappa(t-s)}\mathrm{d}s \qquad \left(\kappa := \frac{k}{m}\right)$$

である．いま，特に $t\to\infty$ での振舞いが知りたいとして，これを

$$v(t) = \left[v_0 \mathrm{e}^{\kappa t_0} + \frac{1}{m}\int_{t_0}^{\infty} F(s)\mathrm{e}^{\kappa s}\mathrm{d}s\right]\mathrm{e}^{-\kappa t} - \frac{1}{m}\mathrm{e}^{-\kappa t}\int_{t}^{\infty} F(s)\mathrm{e}^{\kappa s}\mathrm{d}s \tag{1.2}$$

と書こう．そして，$t \geqq t_0 > 0$ として

$$F(t) := p_0 \frac{\mathrm{e}^{-2\kappa t}}{t} \qquad (p_0 \text{ は定数}) \tag{1.3}$$

の場合を考える．$\kappa s = u$ とおけば

$$\int_t^\infty F(s)\mathrm{e}^{\kappa s}\mathrm{d}s = p_0 \int_{\kappa t}^\infty \frac{\mathrm{e}^{-u}}{u}\mathrm{d}u = -p_0 \mathrm{Ei}(-\kappa t)$$

となる．Ei は積分指数関数(exponential integral)で，$u - \kappa t = x$ とおけば

$$-\mathrm{Ei}(-\kappa t) = \int_{\kappa t}^\infty \frac{\mathrm{e}^{-u}}{u}\mathrm{d}u = \frac{\mathrm{e}^{-\kappa t}}{\kappa t} G\left(\frac{1}{\kappa t}\right)$$

とも書ける．ここに，$\xi := 1/\kappa t$ とおいて

$$G(\xi) := \int_0^\infty \frac{\mathrm{e}^{-x}}{1+x\xi}\mathrm{d}x. \tag{1.4}$$

こうして，(1.2) は

$$v(t) = v_0' \mathrm{e}^{-\kappa t} - \frac{p_0}{m} \frac{\mathrm{e}^{-2\kappa t}}{\kappa t} G\left(\frac{1}{\kappa t}\right) \tag{1.5}$$

と書かれる．ここに v_0' は (1.2) の [⋯] を表わす．

　積分 (1.4) の $t \to \infty$ での挙動が知りたい．$\xi = 1/\kappa t$ だから，$\xi \gtrsim 0$ について被積分関数をベキ級数展開するのがよいだろう．

$$\frac{1}{1+x} = 1 - \frac{x}{1+x} = 1 - x\left\{1 - \frac{x}{1+x}\right\} = 1 - x + x^2\left\{1 - \frac{x}{1+x}\right\} = \cdots$$

と続ければ

$$\frac{1}{1+x\xi} = 1 - x\xi + x^2\xi^2 - \cdots + (-1)^N x^N \xi^N + (-1)^{N+1} \frac{x^{N+1}\xi^{N+1}}{1+x\xi} \tag{1.6}$$

を得るから，(1.4) に代入して項別に積分し

$$\int_0^\infty \mathrm{e}^{-x}\mathrm{e}^{-\sigma x}\mathrm{d}x = \frac{1}{1+\sigma}$$

の両辺を σ で展開して得る公式

$$\int_0^\infty x^k \mathrm{e}^{-x}\mathrm{d}x = k!$$

を用いて

§1.1 漸近ベキ級数

$$G(\xi) = \sum_{k=0}^{N} (-1)^k k! \xi^k + R_N(\xi), \tag{1.7}$$

$$R_N(\xi) := (-1)^{N+1} \xi^{N+1} \int_0^\infty \frac{x^{N+1}}{1+x\xi} e^{-x} dx.$$

ところが

$$\int_0^\infty \frac{x^{N+1}}{1+x\xi} e^{-x} dx \leqq \int_0^\infty x^{N+1} e^{-x} dx = (N+1)! \quad (\xi \geqq 0)$$

が成り立つから

$$|R_N(\xi)| \leqq (N+1)! \xi^{N+1} \quad (\xi \geqq 0) \tag{1.8}$$

となり, $\xi \geqq 0$ が十分に小さければ, $G(\xi)$ は R_N を除いた有限級数でよく近似される. R_N が誤差で, (1.8) の右辺は誤差の一つの限界を与えている. こうして,

$$v(t) = v_0' e^{-\kappa t} - \frac{p_0}{m} \frac{e^{-2\kappa t}}{\kappa t} \left[\sum_{k=0}^{N} (-1)^k \frac{k!}{(\kappa t)^k} + R_N\left(\frac{1}{\kappa t}\right) \right] \quad (t \to \infty) \tag{1.9}$$

が得られた. $t \to \infty$ の注記は, そこで役立つ式であることを示す. 実際, $t \to \infty$ のとき級数の末尾の項は t^{-N} のように小さくなる. 誤差 $R_N(1/\kappa t)$ の減少は, それより速く $t^{-(N+1)}$ のようである. この N は任意に大きくとってよい.

いま, 例として $\xi = 1/(\kappa t) = 0.2$ を見れば, その有限級数近似の誤差の限界 (1.8) は N とともに次の表 1.1 のように変化する：

表 **1.1**　漸近級数表示の誤差の限界 ($\xi = 0.2$)

N	1	2	3	4	5	6	10
$(N+1)!\xi^{N+1}$	0.08	0.048	0.0384	0.0384	0.0461	0.0645	0.817

項数 N を増してゆくと, はじめは近似がよくなるが, やがて限界がくる. 表に示した $\xi = 0.2$ の場合, '誤差' は 0.0384 より小さくならない[*1]. この傾向は他の ξ でも同様で, $N+1 \sim 1/\xi$ で '誤差' は最小値 $\sqrt{2\pi\xi}\, e^{-1/\xi}$ に達し[*2], そのあと近似は悪くなる一方である. もし無限項までとれば, 級数

[*1] ただし, 後の §1.4(b) を参照.
[*2] Stirling の公式 $N! \sim \sqrt{2\pi N}\, N^N e^{-N}$ を用いた. 後の演習問題 3.1 で導出する.

$$\sum_{k=0}^{\infty}(-1)^k k!\xi^k$$

は(どんな $\xi>0$ に対しても)発散して意味をなさない．それにもかかわらず $\xi\downarrow 0$ では関数を漸近的に正確に表示するので，この種の級数を**漸近級数**(asymptotic series)とよび，もとの関数との関係を $\sim$ で表わす．(1.9) の場合なら

$$v(t) \sim v_0' \mathrm{e}^{-\kappa t} - \frac{p_0}{m}\frac{\mathrm{e}^{-2\kappa t}}{\kappa t}\sum_{k=0}^{N}(-1)^k\frac{k!}{(\kappa t)^k} \qquad (t\to\infty) \qquad (1.10)$$

と書く．

例 1.1 二つの異なる関数が同一の漸近級数をもつことがある．たとえば，

$$f(x) \sim \sum_{k=0}^{\infty} a_k \frac{1}{x^k} \qquad (x\to\infty)$$

ならば

$$f(x)+\mathrm{e}^{-x} \sim \sum_{k=0}^{\infty} a_k \frac{1}{x^k} \qquad (x\to\infty)$$

でもある．どの n に対しても $x^n \mathrm{e}^{-x}\to 0\,(x\to\infty)$ だから！ □

（b） 漸近ベキ級数

漸近級数は，後に見るように複素平面上で興味ふかい振舞いを示す．それを考慮して複素変数を予想した定義をしておく．しかし本書では，前項の例のように実変数に限って考察することも多い．

定義 1.1 複素 z 平面 C（または実軸 R）上の領域 S（その閉包 $\bar{\mathsf{S}}$ は $z=0$ を含むものとする）で定義された関数 $f(z)$ は，任意の $0\leqq n\leqq N$ と $\varepsilon>0$ に対して $\delta(\varepsilon,n)>0$ が存在して

$$\left|f(z)-\sum_{k=0}^{n}a_k z^k\right| < \varepsilon |z|^n \qquad \left(z\in\mathsf{S},\ |z|<\delta(\varepsilon,n)\right)$$

が成り立つとき，原点のまわりに N 次の**漸近ベキ級数**(asymptotic power series) 表示 $\sum_{k=0}^{N}a_k z^k$ をもつという．そして，(1.10) と同様に

$$f(z) \sim \sum_{k=0}^{N} a_k z^k$$

と書く．あるいは，Landau の記号[*3]を用いて

$$f(z) = \sum_{k=0}^{n} a_k z^k + o(z^n) \quad (z \to 0,\ z \in \mathsf{S};\ n \leqq N).$$

□

上の(1.7), (1.8)では，S は実軸の正の部分でしかないが，複素平面上のある領域に広げられることを後に示す．この例では，N は無限大である．しかし，有限のこともある．

例 1.2 実軸上の関数

$$f(x) = \begin{cases} a_0 + a_1 x + a_2 x^2 - a_3 x^3 & (x \leqq 0) \\ a_0 + a_1 x + a_2 x^2 + a_3 x^3 & (x > 0) \end{cases}$$

は $a_3 \neq 0$ のとき原点のまわりに $N=2$ までの漸近ベキ級数展開しかもたない．□

漸近ベキ級数表示から元の関数を復元することは，一般にはできない．それは例 1.1 からもわかるが，複素平面上で考えると構造が見えてくる．たとえば

$$e^{-1/z^2} + \sin z \sim \sum_{k=0}^{\infty} \frac{(-1)^k}{(2k+1)!} z^{2k+1} \quad (z \to 0,\ z \in \mathsf{S}_{\pi/4}) \quad (1.11)$$

となり，左辺の指数関数は常に誤差の項に埋没して漸近級数には姿を現さない．$\mathsf{S}_{\pi/4}$ は複素平面上の角領域 $|\arg z| < \pi/4$ を表わし，ここでは $\operatorname{Re} z^2 > 0$ なので e^{-1/z^2} は z のどんなベキよりも速く 0 にゆくのである．一般に

$$\mathsf{S}_R(\alpha, \beta) := \{ z \in \mathsf{C} \mid 0 < |z| < R,\ \alpha < \arg z < \beta \} \quad (1.12)$$

と書く．ただし，(1.11)のように $z \sim 0$ の指定が別にあるなどして R が不必要な場合には書かない．また，$\alpha = -\beta$ の場合，$\mathsf{S}_{R,\beta}$ と略記することがある．

(1.11)は角領域を $\mathsf{S}(3\pi/4, 5\pi/4)$ で置き換えても成り立つ．二つの角領域の外では(1.11)の左辺は漸近ベキ級数をもたない．こうして，この例では

$$\text{原点をとおる射線：} \left\{ z = r e^{i\phi} \,\middle|\, \phi = \frac{\pi}{4},\ \frac{3\pi}{4},\ \frac{5\pi}{4},\ \frac{7\pi}{4};\ 0 < r < \infty \right\} \quad (1.13)$$

を境に漸近級数の様子が変っている．このような境界線を **Stokes 線**(Stokes

[*3] 複素(あるいは実)変数 z の関数 $\phi(z), \psi(z)$ に対し

$$\lim_{z \to z_0} |\phi(z)/\psi(z)| \begin{cases} < \infty \\ = 0 \end{cases} \text{のとき} \quad \begin{aligned} \phi &= O(\psi) \\ \phi &= o(\psi) \end{aligned} \quad (z \to z_0)$$

と書き，O と o を Landau の記号という．$z \to z_0$ のとき $\phi = o(\psi)$ なら $\phi = O(\psi)$ でもあるが，逆は真でない．これらの記号は，同様の意味で $|z| \to \infty$ に対しても用いる．

line)という. 一般に

定義 1.2 複素平面上の領域 D で関数 $f(z)$ を漸近ベキ級数にしてから D の境界 T をまたいで解析接続したときと, T をまたいで解析接続してから漸近ベキ級数にしたときとで結果がちがうなら, T を $f(z)$ の Stokes 線という. □

§1.2 漸近展開

ベキ級数への漸近展開を関数項の級数に一般化する. 関数の列 $\{\phi_k(z)\}_{k=0,1,2,\cdots}$ が

$$\phi_{k+1} = o(\phi_k) \qquad (z \to z_0) \tag{1.14}$$

のように順序づけられているとき**漸近的減少列**(asymptotic sequence)とよぶ. 前節の $\{z^k\}_{k=0,1,2,\cdots}$ $(z \to 0)$ はその例である.

定義 1.3 領域 S ($\bar{S} \ni z_0$) で定義された関数 $f(z)$ と漸近的減少列 $\{\phi_k(z)\}$ ($z \to z_0$) が与えられたとき任意の $n \leq N$ に対して

$$f(z) = \sum_{k=0}^{n} c_k \phi_k(z) + o(\phi_n) \qquad (z \to z_0)$$

が成り立つなら, $f(z)$ は $\{\phi_k\}$ $(z \to z_0)$ に関し Poincaré の意味で N 次の**漸近展開**(asymptotic expansion)をもつという. □

定義 1.1 の漸近ベキ級数展開は, この展開の特別の場合になっている.

$f(z)$ は, N 次の漸近展開をもつなら, $\forall n \leq N$ に対して n 次の展開をもつ. $f(z)$ が漸近展開をもつなら, 展開係数は, 逐次に

$$c_0 = \lim_{z \to z_0,\, z \in S} \frac{f(z)}{\phi_0(z)}$$

$$c_k = \lim_{z \to z_0,\, z \in S} \frac{1}{\phi_k(z)} \left[f(z) - \sum_{n=0}^{k-1} c_n \phi_n(z) \right] \qquad (k = 1, 2, \cdots) \tag{1.15}$$

から決定され, 一意である. この一意性は漸近ベキ級数展開についても成り立つ.

例 1.3 種々の $\{\phi_k(z)\}$ による展開 ($|z| < 1$) :

$$\frac{1}{1-z} = \sum_{k=0}^{\infty} z^k, \quad \sum_{k=0}^{\infty} (1+z) z^{2k}, \quad \sum_{k=0}^{\infty} (1+z+z^2) z^{3k}, \quad \cdots$$

□

関数列の選び方で収束の速さが違うことに注意.

§1.3　漸近ベキ級数の算法

$f(z)$ および $g(z)$ がそれぞれ N 次および M 次の漸近ベキ級数をもてば

$$f(z) = \sum_{k=0}^{N} a_k z^k + o(z^N), \qquad g(z) = \sum_{k=0}^{M} b_k z^k + o(z^M) \qquad (1.16)$$

と書ける．漸近ベキ級数の四則と微積分を調べよう．$P := \min(N, M)$ とおく．

まず，和について，任意の $\alpha, \beta \in \mathbb{C}$ に対し

$$\alpha f(z) + \beta g(z) = \sum_{k=0}^{P} (\alpha a_k + \beta b_k) z^k + o(z^P) \qquad (1.17)$$

が成り立つ．標語的には：関数の和の漸近ベキ級数は関数の漸近ベキ級数の和である．

積についても同様で

$$f(z)g(z) = \sum_{k=0}^{P} \left(\sum_{j=0}^{k} a_j b_{k-j} \right) z^k + o(z^P) \qquad (1.18)$$

が成り立つ．右辺は――$o(z^P)$ を除けば――漸近ベキ級数の積である．

$1/f(z)$ を見よう．$f_N(z) := \sum_{k=0}^{N} a_k z^k$ とし，$a_0 \neq 0$ を仮定すれば，$h_N(z) = \sum_{k=0}^{N} c_k z^k$ の $N+1$ 個の係数を

$$\lim_{z \to 0} z^{-k}(1 - f_N h_N) = 0 \qquad (k = 0, 1, \cdots, N)$$

が成り立つように逐次きめることができる：

$$c_0 = \frac{1}{a_0}, \quad c_1 = -\frac{a_1}{a_0^2}, \quad c_2 = -\frac{a_2}{a_0^2} + \frac{a_1^2}{a_0^3}, \quad \cdots \qquad (1.19)$$

この $h_N(z)$ が $1/f(z)$ の N 次の漸近ベキ級数である．実際

$$\frac{1}{f(z)} - h_N(z) = \frac{1}{f}(1 - f h_N)$$

$$= \frac{1}{f}[(1 - f_N h_N) + h_N(f_N - f)] = o(z^N).$$

積分にも問題はない．$f(z)$ が原点から z にいたる射線 L に沿って連続で，漸近ベキ級数――(1.16) の第 1 式――をもつとしよう．このとき

$$\left|\int_0^z f(z')\mathrm{d}z' - \sum_{k=0}^N \frac{a_k}{k+1}z^{k+1}\right| \leq \int_0^z \varepsilon |z|^N |\mathrm{d}z| = o(z^{N+1}) \qquad (z \in \mathsf{L}) \tag{1.20}$$

となる.すなわち,L 上で,$f(z)$ の N 次の漸近ベキ級数の項別積分は,$f(z)$ の積分の $N+1$ 次の漸近ベキ級数を与える.

問題は,微分である.もちろん,いま行なった積分を言いかえれば次の命題が得られる:領域 S で定義された (1.16) の $f(z)$ が(原点をとおるある射線 L に沿って)微分可能であって,導関数 $f'(z)$ が連続,さらに N 次の漸近ベキ級数をもてば,すなわち

$$f'(z) = \alpha_1 z + \alpha_2 z^2 + \cdots + \alpha_N z^N + o(z^N) \qquad (z \in \mathsf{L})$$

なら,これを項別に積分すれば $f(z)$ の $N+1$ 次の漸近ベキ級数展開

$$f(z) = a_0 + \frac{1}{2}\alpha_1 z^2 + \frac{1}{3}\alpha_2 z^3 + \cdots + \frac{1}{N+1}\alpha_N z^{N+1} + o(z^{N+1}) \qquad (z \in \mathsf{L}) \tag{1.21}$$

が得られる.しかし,漸近ベキ級数をもつ $f(z)$ の導関数 $\mathrm{d}f(z)/\mathrm{d}z$ が常に漸近ベキ級数をもつとは限らない.たとえば,漸近級数の定義から

$$f(z) = \mathrm{e}^{-z}\sin(\mathrm{e}^z) \sim \frac{0}{z} + \frac{0}{z^2} + \cdots \qquad (z \in \mathsf{S}_{\pi/2},\ |z| \to \infty)$$

であるが,その導関数が漸近ベキ級数をもつとしたら,それは,上の結果から $\frac{0}{z^2} + \frac{0}{z^3} + \cdots$ でなければならない.しかし,これは $\mathrm{d}f(z)/\mathrm{d}z = -\mathrm{e}^{-z}\sin(\mathrm{e}^z) + \cos(\mathrm{e}^z)$ の漸近ベキ級数ではない.

例 **1.4** 微分方程式

$$\frac{\mathrm{d}u}{\mathrm{d}t} - \kappa u = \frac{1}{t} \tag{1.22}$$

が,導関数とともに $t \to \infty$ で N 次まで漸近ベキ級数展開できる解をもつとして

$$u(t) \sim a_0 + \frac{a_1}{t} + \frac{a_2}{t^2} + \frac{a_3}{t^3} + \cdots + \frac{a_N}{t^N} + o\left(\frac{1}{t^N}\right)$$

とおく.仮に項別に微分してよいとすれば

$$\frac{\mathrm{d}}{\mathrm{d}t}u(t) \sim -\frac{a_1}{t^2} - \frac{2a_2}{t^3} - \cdots - \frac{(N-1)a_{N-1}}{t^N} + o\left(\frac{1}{t^N}\right)$$

を得る．微分方程式に代入すれば

$$-\kappa a_0 - \frac{\kappa a_1}{t} - \frac{a_1+\kappa a_2}{t^2} - \frac{2a_2+\kappa a_3}{t^3} - \cdots - \frac{(N-1)a_{N-1}+\kappa a_N}{t^N}$$
$$+ o\left(\frac{1}{t^N}\right) = \frac{1}{t}$$

となるから

$$a_0 = 0, \quad a_1 = -\frac{1}{\kappa}, \quad a_2 = -\frac{a_1}{\kappa}, \quad a_3 = -\frac{2a_2}{\kappa}, \quad \cdots,$$

$$a_N = -\frac{(N-1)a_{N-1}}{\kappa}.$$

したがって

$$u(t) \sim -\frac{1}{\kappa t} + \frac{1}{(\kappa t)^2} - \frac{2!}{(\kappa t)^3} + \cdots + (-1)^N \frac{(N-1)!}{(\kappa t)^N} + o\left(\frac{1}{t^N}\right) \quad (t \to \infty). \tag{1.23}$$

これは最初に述べた仮定のもとで得られたものだから，それを確かめなければならない．§1.1 で用いた公式 $\int_0^\infty x^k \mathrm{e}^{-x} \mathrm{d}x = k!$ を思い出し

$$u(t) = -\frac{1}{\kappa t} \int_0^\infty \left\{ \sum_{k=0}^{N-1} (-1)^k \left(\frac{x}{\kappa t}\right)^k + o(t^{-(N-1)}) \right\} \mathrm{e}^{-x} \mathrm{d}x$$

と書けば

$$u(t) = -\frac{1}{\kappa t} \int_0^\infty \frac{\mathrm{e}^{-x}}{1+x/(\kappa t)} \mathrm{d}x \tag{1.24}$$

となる．ただし，$o(t^{-(N-1)})$ は $N \to \infty$ として除いた．この形なら，微分して微分方程式 (1.22) をみたすことの証明ができる．そして，導関数とともに漸近ベキ級数をもつことも確かめられる．よって，(1.23) は (1.22) の漸近解である．

微分方程式 (1.22) は

$$v(t) = \mathrm{e}^{-2\kappa t} u(t)$$

とおけば §1.1 の (1.1)，(1.3) に帰着する．この変換で，解 (1.23) は (1.9) に結ばれる．ただし，後者の $v_0' \mathrm{e}^{-\kappa t}$ の項は別として，である．この項は u でいえば $v_0' e^{\kappa(t+t_0)}$ にあたり，(1.22) の斉次部分の解だが仮設 (1.23) から排除していた． □

例 1.5 微分方程式 (1.22) の κ の符号を変えて

$$\frac{du}{dt}+\kappa u = \frac{1}{t} \tag{1.25}$$

としてみる．これが導関数とともに $t\to\infty$ で漸近ベキ級数展開できる解をもつとしたら，上と同じ計算から，(1.23) の κ の符号を変えた

$$u(t) \sim \frac{1}{\kappa t}\sum_{k=0}^{\infty}\frac{k!}{(\kappa t)^k}$$

がでて，表 1.1 の場合と同様に，$k=\kappa t$ くらいまでの和は漸近収束して近似解をあたえるが，(1.22) の場合とちがって，(1.24) のように積分形にまとめようとすると分母に $1-x/(\kappa t)$ が現われ積分は発散する． □

§1.4 級数の収束を速める方法

例 1.3 では，展開に用いる関数列を上手に選べば級数の収束が速められることを見た．ここでは，その延長線上にある Euler 変換の方法を説明しよう．

(a) 収束級数の場合

$|z|<\rho$ で収束するベキ級数

$$f(z) = \sum_{k=0}^{\infty} a_k z^k \tag{1.26}$$

が与えられたとしよう．その第 M 項から先の部分和を次のように書きかえる：

$$\begin{aligned}S^M(z) &:= a_M z^M + \quad a_{M+1}z^{M+1}+ \quad\quad a_{M+2}z^{M+2}+\cdots \\ &= a_M(z^M + \quad z^{M+1}+ \quad\quad\quad z^{M+2}+\cdots) \\ &\quad + (a_{M+1}-a_M)(z^{M+1}+ \quad\quad z^{M+2}+\cdots) \\ &\quad\quad + (a_{M+2}-a_{M+1})(z^{M+2}+\cdots) \\ &\quad\quad\quad +\cdots.\end{aligned}$$

$|z|<\min\{\rho,1\}$ として各行の等比級数の和をとれば

$$S^M = \frac{1}{1-z}\left\{a_M z^M + \Delta a_M z^{M+1}+\Delta a_{M+1}z^{M+2}+\cdots\right\} \tag{1.27}$$

となる．ここに，級数 (1.26) の係数の第 1 階差を

$$\Delta a_n := a_{n+1}-a_n$$

と書いた．Δ は番号を 1 だけ増したものとの差をつくる演算子である．(1.27)

の $\{\cdots\}$ の第 2 項以下に同じ処理を施せば

$$S^M = \frac{1}{1-z} a_M z^M$$
$$+ \frac{1}{(1-z)^2} \left\{ \Delta a_M z^{M+1} + \Delta^2 a_M z^{M+2} + \Delta^2 a_{M+1} z^{M+3} + \cdots \right\}$$

となる．ここに

$$\Delta^2 a_n := \Delta(a_{n+1} - a_n) = a_{n+2} - 2a_{n+1} + a_n$$

は，級数 (1.26) の係数の第 2 階差である．この処理を無限にくりかえすと

$$S^M = \sum_{k=0}^{\infty} \frac{1}{(1-z)^{k+1}} \Delta^k a_M \, z^{M+k} \tag{1.28}$$

に到達する．これを，元の級数 (1.26) の **Euler 変換** (Euler transform) とよぶ．$\Delta^k a_n$ は第 k 階差で

$$\Delta^k a_n := \Delta(\Delta^{k-1} a_n) \qquad (k = 1, 2, \cdots) \tag{1.29}$$

によって帰納的に定義される．ただし，$\Delta^0 a_n := a_n$．

 実際には，(1.28) を $k = L$ で打ち切って

$$S^{M,L} = \sum_{k=0}^{L} \frac{1}{(1-z)^{k+1}} \Delta^k a_M z^{M+k} \tag{1.30}$$

を級数の和の近似とする．$1/(1-z)^{k+1}$ は $z<0$ のとき減衰因子としてはたらくから，Euler 変換の方法は交代級数に対して有効である (演習問題 1.4, 1.5)．

例 1.6 級数

$$S = \frac{1}{1} - \frac{1}{2} + \frac{1}{3} - \frac{1}{4} + \cdots + \frac{(-1)^{k-1}}{k} + \cdots \tag{1.31}$$

の和を (1.30) で $z = -1$, $M = 10$, $L = 3$, $a_k = 1/(k+1)$ にとって近似的に計算してみよう．この級数は，正負の電荷が交互に等間隔で一直線上に並んだ系で一つの電荷が感じる静電ポテンシアルに比例する．S は 1 次元の Madelung 定数とよばれる．

 まず，$M-1 = 9$ 項までの部分和は

$$S_9 = 1 - \frac{1}{2} + \cdots - \frac{1}{10} = 0.645\,634\,921.$$

次に，階差 $\Delta^k a_M$ は表 1.2 により直接に計算しよう．

表 1.2 階差の計算表 ($\Delta^k := \Delta^k a_n$)

$M+k+1$	$1/(M+k+1)$	Δ	Δ^2	Δ^3
11	0.090 909 091			
		−0.007 575 758		
12	0.083 333 333		0.001 165 501	
		−0.006 410 256		−0.000 249 750
13	0.076 923 077		0.000 915 751	
		−0.005 494 506		
14	0.071 428 571			

この階差を用い,次の表で (1.30) の各項 (Euler 変換) とその和を $k=L$ まで計算する.

表 1.3 Euler 変換とその和 ($M=10$, $L=3$)

k	$\Delta^k a_M$	$\times (1/2)^{k+1}$	$\sum_{j=0}^{k}$
0	0.090 909 091	0.045 454 546	0.045 454 546
1	−0.007 575 758	0.001 893 940	0.047 348 486
2	0.001 165 501	0.000 145 688	0.047 494 174
3	−0.000 249 750	0.000 015 609	0.047 509 783

こうして,$S^{M,L}$ は

$$S^{10,3} = 0.047\,509\,783$$

となる.したがって,S の近似値 $S_{M,L}$ は

$$S_{10,3} = S_9 + S^{10,3} = 0.645\,634\,921 + 0.047\,509\,783 = 0.693\,144\,704.$$

これに対して,真の値は

$$S = \log 2 = 0.693\,147\,180\,559\,945$$

であるから,誤差は $S - S_{10,3} = 2.48 \times 10^{-6}$ にすぎない.もし,元の級数のまま和を計算していたら,この精度を得るには $n = (2.48 \times 10^{-6})^{-1} = 4.0 \times 10^5$ 項まで加えねばならなかったろう.森口[*4]は,M は同じく 10 とし,Euler 変換を 10 項までとって $S_{10,9} = 0.693\,147\,180\,6$ を得た.誤差はないに等しい. Euler 変換の方法によって収束は著しく速められている. □

Euler の近似和 $S^{M,L}$ の計算は,次のようにすることもできる.まず,(1.29)

[*4] 参照:森口繁一『計算数学夜話——数値で学ぶ高等数学』(日本評論社,1978),『数学セミナー』,1966 年 3, 4 月号.

§1.4 級数の収束を速める方法

から
$$\Delta^k a_n = \sum_{r=0}^{k} (-1)^{k-r} {}_k\mathrm{C}_r \, a_{n+r} \tag{1.32}$$
となることを証明しよう．数学的帰納法を用いる．$k=1$ のとき，(1.32) は明らか．Δ^{k-1} に対して成り立つとすれば
$$\Delta^k a_n = \sum_{r=0}^{k-1} (-1)^{k-r-1} {}_{k-1}\mathrm{C}_r \, a_{n+r+1} - \sum_{r=0}^{k-1} (-1)^{k-r-1} {}_{k-1}\mathrm{C}_r \, a_{n+r}$$
となるが，これは
$$\Delta^k a_n = a_{n+k} + \sum_{r=1}^{k-1} (-1)^{k-r} \left({}_{k-1}\mathrm{C}_{r-1} + {}_{k-1}\mathrm{C}_r\right) a_{n+r} - (-1)^{k-1} a_n$$
と書ける．ところが
$${}_{k-1}\mathrm{C}_{r-1} + {}_{k-1}\mathrm{C}_r = {}_k\mathrm{C}_r$$
であるから
$$\Delta^k a_n = a_{n+k} + \sum_{r=1}^{k-1} (-1)^{k-r} {}_k\mathrm{C}_r a_{n+r} - (-1)^{k-1} a_n$$
となって (1.32) に到達する．

そこで，(1.30) に (1.32) を代入すると
$$S^{M,L} = \frac{z^M}{1-z} \sum_{k=0}^{L} \left(\frac{-z}{1-z}\right)^k \sum_{r=0}^{k} (-1)^r {}_k\mathrm{C}_r a_{M+r}$$
となるが，和の順序を変えて
$$S^{M,L} = \frac{z^M}{1-z} \sum_{r=0}^{L} (-1)^r a_{M+r} b_r(z) \tag{1.33}$$
としてもよい．ここで
$$b_r(z) := \sum_{k=r}^{L} \left(\frac{-z}{1-z}\right)^k {}_k\mathrm{C}_r \tag{1.34}$$
は和をとるべき級数にはよらない普遍関数だから，これをあらかじめ計算しておけば階差をとる手間を省くことができる[*5]．

(1.34) の b_r の母関数 $B(\alpha) := \sum_{r=0}^{L} b_r \alpha^r$ をつくり，和の順序を変更すると

[*5] 参照：細矢治夫，交代級数の収束を速める Euler 変換の簡便な計算法とその物理的意味，『数学セミナー』，1981 年 7 月号．

となり

$$B(\alpha) = \sum_{k=0}^{L}\left(\frac{-z}{1-z}\right)^k \sum_{r=0}^{k} {}_k\mathrm{C}_r \alpha^r$$

となり

$$B(\alpha) = \frac{1-z}{1+\alpha z}\left\{1-\left(\frac{-z}{1-z}\right)^{L+1}(1+\alpha)^{L+1}\right\}.$$

これから α^r の係数をひろうと

$$b_r(z) = (1-z)(-z)^r\left[1-\left(\frac{-z}{1-z}\right)^{L+1}\sum_{s=0}^{r}{}_{L+1}\mathrm{C}_s(-z)^{-s}\right]. \quad (1.35)$$

特に，(1.26) で $z=-1$ にとれば交代級数

$$\sum_{k=0}^{\infty}(-1)^k a_k$$

を考えることになる．このとき，(1.35) は

$$b_r = 2\left[1-\left(\frac{1}{2}\right)^{L+1}\sum_{s=0}^{r}{}_{L+1}\mathrm{C}_s\right]$$

となるが，

$$1 = \left(\frac{1}{2}+\frac{1}{2}\right)^{L+1} = \sum_{s=0}^{L+1}{}_{L+1}\mathrm{C}_s\left(\frac{1}{2}\right)^{L+1}$$

を用いれば，次のように簡単化できる：

$$\frac{b_r}{2} = \sum_{s=r+1}^{L+1}{}_{L+1}\mathrm{C}_s\left(\frac{1}{2}\right)^{L+1} = \left(\frac{1}{2}\right)^{L+1}\sum_{t=0}^{L-r}{}_{L+1}\mathrm{C}_t.$$

ここで，$L+1-s=t$ とおいた．したがって

$$\frac{b_r}{2} = \left(\frac{1}{2}\right)^{L+1}\sum_{s=0}^{L-r}{}_{L+1}\mathrm{C}_s \quad (1.36)$$

となる．

これを (1.33) に用いれば

$$S^{M,L} = (-1)^M \sum_{r=0}^{L}(-1)^r \frac{b_r}{2} a_{M+r} \quad (1.37)$$

として，Euler 変換が階差の計算を経ず直接に求められる．(1.36) から

$$A_{L-r}^{L+1} := 2^L b_r = \sum_{s=0}^{L-r}{}_{L+1}\mathrm{C}_s$$

を定義すると，これは Pascal の三角形の底辺の部分和である．細矢は，その配列のなす三角形を convolved Pascal triangle とよんだ．

公式 $_{L+1}C_s = {}_LC_s + {}_LC_{s-1}$ および $s<0$ では $_LC_s = 0$ となることから漸化式
$$A_r^{L+1} = A_r^L + A_{r-1}^L$$
が得られる．これを使うと，convolved Pascal triangle は頂点からはじめて機械的につくってゆくことができる．

(b) 漸近ベキ級数の場合

N 次の漸近ベキ級数が与えられたとし
$$f(z) = \sum_{k=0}^{N} a_k z^k + o(z^N) \qquad (z \in \mathsf{S},\ z \to 0) \qquad (1.38)$$
と書いておく．これは有限級数で収束の速さは問題にならないから，Euler 変換の効用はない，と思われるかもしれない．一つの効用を後に示す(例 1.7)．

変換は収束級数の場合とほぼ同様に行われる．まず，(1.38) の第 $M\ (<N)$ 項から先の部分和を，次のように書きかえよう：

$$\begin{aligned}
S^M(z) &:= a_M z^M + a_{M+1} z^{M+1} + \cdots + a_N z^N + o(z^N) \\
&= a_M (z^M + z^{M+1} + z^{M+2} + \cdots \cdots) \\
&\quad + \Delta a_M (z^{M+1} + z^{M+2} + \cdots \cdots) \\
&\quad + \cdots + \cdots \\
&\quad + \Delta a_{N-1}(z^N + \cdots) \\
&\quad + o(z^N).
\end{aligned}$$

Δ の意味は前の (1.27) と同じである．各行の等比級数は無限次まで延ばしてしまおう．そのためにおこる誤差は $o(z^N)$ に吸収させることができる．

$|z|<1$ として各行の等比級数の和をとれば

$$S^M(z) = \frac{1}{1-z} \Big\{ a_M z^M + \Delta a_M z^{M+1} \\ + \Delta a_{M+1} z^{M+2} + \cdots + \Delta a_{N-1} z^N + o(z^N) \Big\} \qquad (1.39)$$

となる．この $\{\cdots\}$ の第 2 項以下に同じ処理を施し，さらに同様の処理をくりかえすと

$$S^M(z) = \sum_{k=0}^{N} \frac{1}{(1-z)^{k+1}} \Delta^k a_M z^{M+k} + o(z^N) \quad (1.40)$$

が得られる．これが，漸近ベキ級数の Euler 変換である．

例 1.7 §1.1 で積分 (1.4) の漸近ベキ級数表示には近似に限界があることを見た．Euler 変換がそこに改善をもたらす例を示そう．前と同じく $\xi = 1/5$ とする．積分の真の値は，数値計算から

$$G(\xi) = \int_0^\infty \frac{e^{-x}}{1+x\xi} dx = 0.852\,11 \quad (\xi = 0.2) \quad (1.41)$$

であるが，(1.7) の漸近ベキ級数を用いると

$$G(0.2) \sim \sum_{k=0}^{\infty} (-1)^k k! \xi^k = 1 - \frac{1}{5} + \frac{2}{25} - \frac{6}{125} + \frac{24}{625} - \frac{120}{3125} + \cdots \quad (1.42)$$

となる．最小項 $24/625\,(k=4)$ の直後で止めると，それが最良の近似であるが，和は

$$S_4 = 1 - \frac{1}{5} + \frac{2}{25} - \frac{6}{125} + \frac{24}{625} = 0.8704 \quad (1.43)$$

で，誤差が 0.01829 もある (表 1.1 を参照)．

そこで，最小項 $k=4$ 以降に Euler 変換を施す．$M=4$ とするのである[*6]．

$G(\xi)$ の各項を $a_k z^k\,(z=-1)$ と見て (1.40) を用いる．$a_k = k!\,\xi^k\,(\xi=0.2)$ である．まず，階差 $\Delta^k a_M$ を表 1.4 で計算しよう．この表から，(1.42) の第 $k=4$ 項め以下の Euler 変換はアンダーラインをつけた階差を順次 $(1-z)^{k+1}/z^{M+k} = -(-2)^{k+1}$ で割って加え合わせれば得られ，再び発散級数になる：

$$S^{4,6} = 0.0192 - 0 + 0.000\,96 - 0.000\,192 + 0.000\,202 - 0.000\,119$$
$$+ 0.000\,110 - 0.000\,102 + 0.000\,110. \quad (1.44)$$

最小項 0.000 102 の手前で止めると

$$S^{4,6} = 0.020\,161$$

となり，(1.43) に加わって，近似値

[*6] Rosser, J. Barkley, Transformation to speed the convergence of series, J. Res. National Bureau of Standards, **46** (1951) No. 1, 56–64.

§1.4 級数の収束を速める方法

表 1.4　階差の計算表 ($\Delta^k := \Delta^k a_M$, $\xi = 0.2$, $M = 4$)

k	a_{M+k}	Δ	Δ^2	Δ^3	Δ^4
0	<u>0.038 4</u>				
1	0.038 4	<u>0.</u>	<u>0.007 68</u>		
2	0.046 08	0.007 68	0.010 752	<u>0.003 072</u>	<u>0.006 451</u>
3	0.064 512	0.018 432	0.020 275	0.009 523	0.014 070
4	0.103 219	0.038 707	0.043 868	0.023 593	0.035 758
5	0.185 795	0.082 575	0.103 219	0.059 351	0.097 542
6	0.371 589	0.185 794	0.260 112	0.156 893	0.281 582
7	0.817 496	0.445 907	0.698 588	0.438 475	
8	1.961 991	1.144 494			

k	Δ^4	Δ^5	Δ^6	Δ^7	Δ^8
2	0.006 451	<u>0.007 619</u>			
3	0.014 070	0.021 688	<u>0.014 070</u>	<u>0.026 026 1</u>	
4	0.035 758	0.061 784	0.040 096	0.082 159 7	<u>0.056 134</u>
5	0.097 542	0.184 040	0.122 256		
6	0.281 582				

$$S_3 + S^{4,6} = 0.852\,161$$

を真の値 (1.41) に近づける．

さらに，いまとり残した 2 項に Euler 変換を施し

$$S_1^{8,2} = -\frac{0.000\,102}{2} + \frac{0.000\,110 - 0.000\,102}{4} = -0.000\,049$$

を加えてみると

$$S_3 + S^{4,6} + S_1^{8,2} = 0.852\,112$$

となって，なんと真の値に一致する！　　　□

Euler 変換が漸近級数の精度を改善する例は，他にもある (演習問題 1.6)．

演習問題

1.1

(i) 次の不等式を証明し，これを用いて $S_N := \sum_{n=N}^{\infty} \dfrac{1}{n^2+1}$ を評価せよ．
$$\int_N^{\infty} \frac{\mathrm{d}x}{x^2+1} < S_N < \int_{N-1}^{\infty} \frac{\mathrm{d}x}{x^2+1}.$$

(ii) S_1 を 0.1% の精度で求めるには第何項まで加える必要があるか？

(iii) S_1 の収束を速めるため，容易に得られる $\sum_{n=1}^{\infty} \dfrac{1}{n(n+1)} = 1$ を利用して
$$\sum_{n=1}^{\infty} \frac{1}{n^2+1} = \sum_{n=1}^{\infty} \left(\frac{1}{n^2+1} - \frac{1}{n(n+1)} \right) + 1$$
とし，右辺の和
$$\sum_{n=1}^{\infty} \frac{n-1}{n(n+1)(n^2+1)}$$
を数値的に求めることにした．S_1 を 0.1% の精度で求めるには第何項まで加える必要があるか？

(iv) $\sum_{n=1}^{\infty} \dfrac{1}{n^2} = \dfrac{\pi^2}{6}$ を利用したら，どうか？ さらに，$\sum_{n=1}^{\infty} \dfrac{1}{n^4} = \dfrac{\pi^4}{90}$ も利用することにしたら，どうか？

1.2 両辺で z の同じベキの項の係数が互いに等しいという意味で
$$\sum_{k=0}^{\infty} a_k z^k = \frac{1}{1+z} \sum_{n=0}^{\infty} \left(\frac{z}{1+z} \right)^n b_n$$
が成り立つことを示せ．ここに
$$b_n := \sum_{r=0}^{n} {}_n\mathrm{C}_r a_r.$$

$\sum a_k z^k \to \sum b_n w^n \left(w = \dfrac{z}{1+z} \right)$ も Euler 変換とよばれる．

1.3 $P(k)$ を k の多項式とする．$a_k = (-1)^k P(k)$ とすれば，前問で定義した $\sum a_k z^k$ の Euler 変換は有限級数になることを示せ．同じことを定義 (1.28) にしたがって言うと，どうなるか？

1.4 (1.28) を $z = -1$, $M = 0$ として使うと

$$a_0 - a_1 + a_2 - a_3 + \cdots = \frac{a_0}{2} - \frac{\Delta^1 a_1}{2^2} + \frac{\Delta^2 a_2}{2^3} - \frac{\Delta^3 a_3}{2^4} + \cdots$$

が得られる．左辺の級数が収束するとき右辺も収束することを確かめよ[*7]．

1.5 数列 $a_0, a_1, a_2, \cdots$ は，すべての k とすべての n について $(-1)^k \Delta^k a_n > 0$ が成り立つとき完全に単調な減少数列であるといわれる．前問の交代級数は，$\{a_k\}$ が完全に単調な減少数列なら，公比 $1/2$ の等比級数と同じ速さか，またはそれより速く収束する．これを証明せよ[*8]．

1.6 Gauss 分布の積分

$$f(x) := \int_x^\infty e^{-t^2/2} dt$$

は

$$e^{-t^2/2} = \frac{-1}{t} \frac{d}{dt} e^{-t^2/2}$$

と書いて部分積分することを繰り返せば $x \to \infty$ で漸近展開できる．$x = 5$ での値をもとめよ．Euler 変換が精度を改善することを確かめよ．なお，

$$\frac{1}{\sqrt{2\pi}} \int_5^\infty e^{-t^2/2} dt = 0.286\,651\,6 \times 10^{-6}.$$

1.7 正項級数 $\sum\limits_{n=0}^{\infty} a_n$ が収束するか発散するかは，数列 $\{b_n\}$ に関して

$$P := \lim_{n \to \infty} \frac{b_{n+1} - b_n}{a_n}$$

が有限確定か，$\pm\infty$ に発散するかであるとき

$$Q_m := \lim_{n \to \infty} b_n - b_m$$

から表 1.5 のように判定される[*9]．これを Salekhov の判定法という．

(i) この判定法が正しいことを確かめよ．
(ii) $\sum\limits_{n=0}^{\infty} a_n$ が収束のとき，それを
$$\sum_{n=0}^{\infty} a_n = \frac{Q_m}{P} + \sum_{n=M}^{\infty} a_n^{(1)}, \quad a_n^{(1)} := \left\{1 - \frac{1}{P} \frac{b_{n+1} - b_n}{a_n}\right\} a_n$$

[*7] 森口繁一：前掲．

[*8] Knopp, K., Theorie und Anwendungen der unendlichen Reichen, Springer (1922), p. 256; Theory and Applications of Infinite Series, tr. by R. C. Young, Blackie (1928); Infinite Sequences and Series, tr. by F. Begemihl, 1948, Dover.

[*9] Salekhov, G. C., On the theory of calculation of series, Usp. Mat., **4** (1949) No. 4, 51–82.

表 1.5　Salekhov の収束判定法

	∞	$0<P<\infty$	0	$-\infty<P<0$	$-\infty$
∞	不定	発散	発散		
$0<Q_m<\infty$	収束	収束	不定		
0			不定		
$-\infty<Q_m<0$			不定	収束	収束
$-\infty$			発散	発散	不定

（記入のない欄は，起こり得ない場合．）

のように変換すると収束が速くなることを説明せよ．

(iii) (ii) の方法を $a_n = \dfrac{1}{n(n+1)}$ および $a_n = \dfrac{1}{n^2+1}$ の場合に適用してみよ．$b_n := na_n$ にとれ．

(iv) Salekhov の判定法により収束が確かめられた場合，部分和の取り残し $R_M = \sum_{n=M}^{\infty} a_n$ が次のように評価されることを示せ．

$0<|P|<\infty$ のとき：

$$Q_M>0 \text{ なら}: \quad \frac{Q_M}{P+\varphi(M)} \leqq R_M \leqq \frac{Q_M}{P-\varphi(M)}$$

$$Q_M<0 \text{ なら}: \quad \frac{Q_M}{P-\varphi(M)} \leqq R_M \leqq \frac{Q_M}{P+\varphi(M)}$$

$P=\pm\infty$ のとき：

$$R_M \leqq \frac{\psi(M)}{Q_M}.$$

ここに

$$\varphi(M) = \sup_{n \geqq M} \left| \frac{b_{n+1}-b_n}{y_n} - P \right|, \quad \psi(M) = \inf_{n \geqq M} \left| \frac{b_{n+1}-b_n}{y_n} \right|.$$

第2章
積分の漸近展開

被積分関数の含むパラメタが大きいとき,積分を漸近的に評価する方法を述べる.

§2.1 部分積分による方法

(a) 累積 Gauss 分布の漸近展開

平均 0,標準偏差 $\sigma>0$ の Gauss 分布は,確率密度

$$p(X) := \frac{1}{\sqrt{2\pi}\sigma}e^{-X^2/2\sigma^2} \qquad (-\infty < X < \infty) \tag{2.1}$$

をもつ.与えられた $a>0$ に対して $X>a$ となる確率はいくらか? 答は,もちろん

$$P\bigl([a,\infty)\bigr) = \int_a^\infty p(X)\mathrm{d}X$$

である.これを累積 Gauss 分布関数という.では,その値は,と言われると,簡単には答えられない.この積分が初等関数では表わせないからである.これから,a が大きいとき漸近展開によって答えることを考えよう.

そのためには,$X/\sigma := s$ とおいて,積分を標準形

$$\Phi_\mathrm{c}(x) := \frac{1}{\sqrt{2\pi}}\int_x^\infty e^{-s^2/2}\mathrm{d}s \qquad \left(= P\bigl([a,\infty)\bigr),\ x := \frac{a}{\sigma}\right) \tag{2.2}$$

に直しておくのが便利である.これは,いわゆる complementary error function

$$\operatorname{erfc} x := \frac{2}{\sqrt{\pi}} \int_x^\infty \mathrm{e}^{-t^2} \mathrm{d}t$$

と

$$\operatorname{erfc} x = 2\Phi_\mathrm{c}(\sqrt{2}x) \tag{2.3}$$

の関係にある．

　$\Phi_\mathrm{c}(x)$ の漸近展開を導くために

$$F_n(x) := \mathrm{e}^{x^2/2} \int_x^\infty \frac{1}{s^n} \mathrm{e}^{-s^2/2} \mathrm{d}s$$

を定義しよう．Φ_c との関係は

$$\Phi_\mathrm{c}(x) = \frac{1}{\sqrt{2\pi}} \mathrm{e}^{-x^2/2} F_0(x)$$

である．他方，F_n は

$$F_n(x) = -\mathrm{e}^{x^2/2} \int_x^\infty \frac{1}{s^{n+1}} \frac{\mathrm{d}}{\mathrm{d}s} \mathrm{e}^{-s^2/2} \mathrm{d}s$$

とも書けて，部分積分により漸化式

$$F_n(x) = \frac{1}{x^{n+1}} - (n+1) F_{n+2}(x)$$

が証明されるから

$$\begin{aligned} F_0(x) &= \frac{1}{x} - F_2(x) \\ &= \frac{1}{x} - \left[\frac{1}{x^3} - 3F_4(x)\right] = \cdots\cdots \end{aligned}$$

となる．こうして，累積 Gauss 分布関数の $x \to \infty$ における漸近展開

$$\Phi_\mathrm{c}(x) = \frac{1}{\sqrt{2\pi}} \mathrm{e}^{-x^2/2} \left\{ \frac{1}{x} - \frac{1}{x^3} + \frac{3!!}{x^5} - \cdots + (-1)^n \frac{(2n-1)!!}{x^{2n+1}} + \right.$$
$$\left. + (-1)^{n+1} (2n+1)!!\, F_{2n+2}(x) \right\} \tag{2.4}$$

が得られる．F_{2n+2} の項が誤差である．いま，それを別にして

$$L_m(x) := \frac{1}{\sqrt{2\pi}} \mathrm{e}^{-x^2/2} \sum_{k=0}^m (-1)^k \frac{(2k-1)!!}{x^{2k+1}} \tag{2.5}$$

とおけば，$F_n(x)>0$ であるから
$$L_{2n+1}(x) < \Phi_c(x) < L_{2m}(x) \qquad (m, n = 0, 1, 2, \cdots) \qquad (2.6)$$
がなりたつ．与えられた x に対して $\Phi_c(x)$ を近似するには，$L_{2n+1}(x)$ を最も大きくする $2n+1$ と $L_{2m}(x)$ を最も小さくする $2m$ を選ぶ．表2.1の例では，それらは隣り合っている．そこから誤差の上界も知られる．すでに $x=3$ で誤差は3%しかない[*1]．

関数 $\Phi_c(x)$ は複素 z 平面上に解析接続することができる：
$$\Phi_c(z) := \frac{1}{\sqrt{2\pi}} \int_z^\infty e^{-t^2/2} dt \qquad (2.7)$$
ただし，積分路は $t\to\infty$ につれて $|\arg t|<\pi/4$ に向かうものとする．特に $z=-iy$ のとき，積分路を'$z=-iy$ からまず $z=0$ にゆき，そこから実軸に沿って $t\to\infty$ にゆくように'とれば
$$\Phi_c(-iy) = \frac{1}{\sqrt{2\pi}} \left(\int_{-iy}^0 e^{-t^2/2} dt + \int_0^\infty e^{-t^2/2} dt \right)$$
となるが，第2の積分は定数 $\sqrt{\pi/2}$ に等しい．第1の積分で $t=-is$ とおけば
$$\Phi_c(-iy) = \frac{1}{2} + \frac{i}{\sqrt{2\pi}} \int_0^y e^{s^2/2} ds \qquad (2.8)$$
が得られる．この y は複素数でもよい．$\Phi(-iy)$ の漸近評価の仕方は後の§3.4に述べる．

(b) **Stokes現象**

$\Phi_c(x)$ の $x\to-\infty$ における漸近形をもとめるには，(2.2)を
$$\Phi_c(-|x|) = \frac{1}{\sqrt{2\pi}} \left(\int_{-\infty}^\infty - \int_{-\infty}^{-|x|} \right) e^{-s^2/2} ds$$
と書き直す．そうすれば，部分積分の方法が使える．いや，そうするまでもなく積分変数を $t=-s$ に変えれば

[*1] $\Phi_c(x)$ の真の値は次の表からとった：林 桂一・森口繁一，『高等函数表』(第2版, 岩波書店, 1967). この本では，$\Phi_c(x)$ を $\Phi(-x)$ と書いている．$0 \le x \le 5$ の値を表に示し，$x>5$ の値は漸近展開を用いて計算するよう指示している．

表 2.1 漸近展開による $\Phi_c(x)$. $L_k(x) = \sum_{j=1}^{k} a_j(x)$.

k	$x=1$ a_k	L_k	$x=3$ a_k	L_k
0	2.41971 E−1	2.41971 E−1	1.47728 E−3	1.47728 E−3
1	−2.41971 E−1	0.00000 E+0	−1.64143 E−4	1.31314 E−3
2	7.25912 E−1	7.25912 E−1	5.47142 E−5	1.36786 E−3
3	−3.62956 E+0	−2.90365 E+0	−3.03968 E−5	1.33746 E−3
4	2.54069 E+1	2.25033 E+1	2.36419 E−5	1.36110 E−3
5	−2.28662 E+2	−2.06159 E+2	−2.36419 E−5	1.33746 E−3
6	2.51529 E+3	2.30913 E+3	2.88957 E−5	1.36635 E−3
7	−3.26987 E+4	−3.03896 E+4	−4.17382 E−5	1.32462 E−3
8	4.90481 E+5	4.60091 E+5	6.95637 E−5	1.39418 E−3
9	−8.33818 E+6	−7.87808 E+6	−1.31398 E−4	1.26278 E−3
10	1.58425 E+8	1.50547 E+8	2.77396 E−4	1.54018 E−3
11	−3.32693 E+9	−3.17638 E+9	−6.47258 E−4	8.92920 E−4
Φ_c		1.58655 E−1		1.34990 E−3

k	$x=5$ a_k	L_k
0	2.97344 E−07	2.97344 E−07
1	−1.18938 E−08	2.85450 E−07
2	1.42725 E−09	2.86878 E−07
3	−2.85450 E−10	2.86592 E−07
4	7.99261 E−11	2.86672 E−07
5	−2.87734 E−11	2.86643 E−07
6	1.26603 E−11	2.86656 E−07
7	−6.58335 E−12	2.86649 E−07
8	3.95001 E−12	2.86653 E−07
9	−2.68601 E−12	2.86651 E−07
10	2.04137 E−12	2.86653 E−07
11	−1.71475 E−12	2.86651 E−07
Φ_c		2.86652 E−07

$$\int_{-\infty}^{-|x|} e^{-s^2/2} ds = \int_{|x|}^{\infty} e^{-t^2/2} dt$$

となるから $\Phi_c(-|x|) = 1 - \Phi_c(|x|)$ が知られ,(2.4)から $x \to -\infty$ における漸近展開

$$\Phi_c(x) \sim 1 + \frac{1}{\sqrt{2\pi}} e^{-x^2/2} \left\{ \frac{1}{x} - \frac{1}{x^3} + \frac{3!!}{x^5} - \cdots + (-1)^n \frac{(2n-1)!!}{x^{2n+1}} + \cdots \right\}$$

(2.9)

が得られる.これは,$x \to +\infty$ の漸近形(2.4)とほとんど同じ形であって,ただ

先頭に 1 が加わったところだけちがう．このように，同一の関数であっても漸近形を見る方向によって異なる形で立ち現れることを，発見者の名に因んで **Stokes 現象**(Stokes phenomena)という．正確には，関数を解析接続して $f(z)$ としたとき，$\arg z$ をきめて $|z|\to\infty$ としたときの漸近形が，その $\arg z$ によって不連続的に変わることをいうのである．不連続性がおこる方向の射線を **Stokes 線**(Stokes line)とよぶ．$\Phi_c(z)$ が，この意味で Stokes 現象をおこすことは後に §3.4 で示す．その Stokes 線は虚軸であって，$|\arg z|\leqq\pi/2$ とそれ以外とで $|z|\to\infty$ の漸近形がちがう．上に見たのは，その片鱗であった．

$f(z)=e^{z^2}+z^2$ の Stokes 線は $\operatorname{Re} z^2$ の正負を分ける $\arg z=\pi/4, 3\pi/4, 5\pi/4, 7\pi/4$ である．

(c) **Dawson 型の積分**

$\Phi_c(x)$ の場合と同様に，

$$G_n(x) := e^{-x^2/2}\int_1^x \frac{1}{s^n}e^{s^2/2}ds = e^{-x^2/2}\int_1^x \frac{1}{s^{n+1}}\frac{d}{ds}e^{s^2/2}ds$$

を考えて，$x\to\infty$ における漸近展開

$$\frac{1}{\sqrt{2\pi}}e^{-x^2/2}\int_0^x e^{s^2/2}ds \sim \frac{1}{\sqrt{2\pi}}\left\{\frac{1}{x}+\frac{1}{x^3}+\cdots+\frac{(2n-1)!!}{x^{2n+1}}\right.$$
$$\left.+(2n+1)!!\,e^{-x^2/2}\int_1^x \frac{1}{s^{2n+2}}e^{s^2/2}ds\right\} \quad (2.10)$$

を導くことができる．$[0,1]$ 上の積分および部分積分から生ずる有限項は，$e^{-x^2/2}$ が掛かるため漸近展開には寄与しないのである．この (2.10) は，(2.4) の x を形式的に $-ix$ におきかえて (2.8) に代入した結果と漸近級数として一致している．

なお

$$W(x) := e^{-x^2}\int_0^x e^{s^2}ds \qquad (2.11)$$

を Dawson の積分(Dawson's integral)という．Φ_c とは，(2.8) により

$$W(x) = -i\sqrt{\pi}e^{-x^2}\left[\Phi_c(-i\sqrt{2}x)-\frac{1}{2}\right] \qquad (2.12)$$

の関係がある．

§2.2 級数展開による方法

漸近展開 (2.10) は，級数展開を利用してだすこともできる．超関数の丸めを例として説明しよう．

（a） 丸めた主値積分

デルタ関数 $\delta(x)$ は，

$$\widetilde{\delta}(x) = \frac{1}{\sqrt{2\pi}a} \exp\left[-\frac{1}{2}\left(\frac{x}{a}\right)^2\right] \tag{2.13}$$

の極限 $a \to 0$ として捉えられる．$\widetilde{\delta}$ を丸めたデルタ関数 (mollified delta function) という[*2]．これを用いて，Cauchy の主値積分の積分核 $p(x) := \mathcal{P}/x$ を丸めよう：

$$\widetilde{p}(x) := \frac{1}{\sqrt{2\pi}a} \int_{-\infty}^{\infty} \frac{\mathcal{P}}{\xi} e^{-(x-\xi)^2/2a^2} d\xi. \tag{2.14}$$

積分変数を $\eta := (x-\xi)/a$ に変えれば，$u := x/a$ とおいて

$$\widetilde{p}(x) = \phi(u) := \frac{1}{\sqrt{2\pi}a} \int_{-\infty}^{\infty} \frac{\mathcal{P}}{u-\eta} e^{-\eta^2/2} d\eta. \tag{2.15}$$

いま，u に小さな正の虚数部分 ε をもたせたとして，積分

$$w(z) := \int_{-\infty}^{\infty} \frac{e^{-\eta^2/2}}{z-\eta} d\eta \qquad (z := u + i\varepsilon,\ \varepsilon > 0) \tag{2.16}$$

を考えよう．$\varepsilon \downarrow 0$ の極限で

$$w(u) = \int_{-\infty}^{\infty} \frac{\mathcal{P}}{u-\eta} e^{-\eta^2/2} d\eta - i\pi e^{-u^2/2} \tag{2.17}$$

となる．その虚数部分のおかげで

$$\frac{1}{z-\eta} = -i \int_0^{\infty} e^{i\alpha(z-\eta)} d\alpha$$

という表示ができるから

[*2] 軟化した，ともいう．

§2.2 級数展開による方法

$$w(z) = -\mathrm{i}\int_{-\infty}^{\infty}\mathrm{d}\eta\int_{0}^{\infty}\mathrm{d}\alpha\exp\left[-\frac{1}{2}(\eta+\mathrm{i}\alpha)^2-\frac{1}{2}\alpha^2+\mathrm{i}\alpha z\right]$$

を計算すればよい．積分の順序は交換できる．η の積分をすると

$$w(z) = -\mathrm{i}\sqrt{2\pi}\int_{0}^{\infty}\exp\left[-\frac{1}{2}(\alpha-\mathrm{i}z)^2-\frac{1}{2}z^2\right]\mathrm{d}\alpha.$$

$\alpha-\mathrm{i}z=\beta$ とおけば

$$w(z) = -\mathrm{i}\sqrt{2\pi}\mathrm{e}^{-z^2/2}\int_{-\mathrm{i}z}^{\infty}\mathrm{e}^{-\beta^2/2}\mathrm{d}\beta$$

となって，これは (2.7), (2.8) で計算ずみである．$\varepsilon\downarrow 0$ として

$$w(u) = \mathrm{e}^{-u^2/2}\left\{\sqrt{2\pi}\int_{0}^{u}\mathrm{e}^{s^2/2}\mathrm{d}s-\mathrm{i}\pi\right\} \tag{2.18}$$

を得る．(2.17) と比較して

$$\phi(u) = \frac{1}{\sqrt{2\pi}a}\int_{-\infty}^{\infty}\frac{\mathcal{P}}{u-\eta}\mathrm{e}^{-\eta^2/2}\mathrm{d}\eta = \frac{1}{a}\mathrm{e}^{-u^2/2}\int_{0}^{u}\mathrm{e}^{s^2/2}\mathrm{d}s. \tag{2.19}$$

さて，$u=x/a$ であったから，与えられた x に対して $a\to 0$ で $u\to\infty$ となり $\phi(u)$ の漸近的な振舞いが問題になる．それは，すでに (2.10) に得られている．同じ結果が，(2.19) の中辺からも直接に得られることを示そう．

(b) 漸近展開の実行

(2.19) の中辺の $u\to\infty$ における漸近展開を求めるため，まず (2.16) を

$$w(z) = \int_{-\infty}^{\infty}\frac{1}{z}\left(1-\frac{\eta}{z}\right)^{-1}\mathrm{e}^{-\eta^2/2}\mathrm{d}\eta$$

として，被積分関数を級数展開する：

$$w(z) = \frac{1}{z}\int_{-\infty}^{\infty}\left\{1+\frac{\eta}{z}+\cdots+\frac{\eta^n}{z^n}+\frac{z}{z-\eta}\left(\frac{\eta}{z}\right)^{n+1}\right\}\mathrm{e}^{-\eta^2/2}\mathrm{d}\eta. \tag{2.20}$$

η の奇数ベキの項は積分すると消え，偶数ベキの項に対しては

$$\int_{-\infty}^{\infty}\eta^{2p}\mathrm{e}^{-\eta^2/2}\mathrm{d}\eta = \sqrt{2\pi}(2p-1)!! \qquad (p=0,1,2,\cdots)$$

となるから

$$w(z) = \sqrt{2\pi}\left\{\frac{1}{z} + \frac{1}{z^3} + \cdots + \frac{(2n-1)!!}{z^{2n+1}}\right\} + \frac{1}{z^{2n+2}}\int_{-\infty}^{\infty}\frac{\eta^{2n+2}}{z-\eta}\mathrm{e}^{-\eta^2/2}\mathrm{d}\eta \tag{2.21}$$

を得る．最後に残った積分は $O(1)$ だから，右辺は漸近級数として (2.10) の右辺に一致している．これは (2.16) の漸近展開であるが，(2.19) の漸近展開の $\sqrt{2\pi}a$ 倍でもある．両者の差は (2.17) により $O(\mathrm{e}^{-u^2/2})$ にすぎないからである．

§2.3 Fourier 変換

与えられた関数 $f(x)$ に対して Fourier 変換型の積分

$$\mathcal{F}_{ab}(\omega) := \frac{1}{\sqrt{2\pi}}\int_a^b f(t)\mathrm{e}^{\mathrm{i}\omega t}\mathrm{d}t \tag{2.22}$$

を考えよう．$b \to \infty$ とするときには，$f(t)$ は絶対可積分と仮定する．そして，$\mathcal{F}_{ab}$ を単に $\mathcal{F}_a$ と書く．さらに $a=0$ なら $\mathcal{F}$ と書く．

$f(x)$ の導関数 $f^{(1)}(x)$ が区間 $[a,b]$ で存在して連続ならば，部分積分により

$$\mathcal{F}_{ab}(\omega) = \frac{1}{\sqrt{2\pi}}\left[\frac{1}{\mathrm{i}\omega}f(t)\mathrm{e}^{\mathrm{i}\omega t}\right]_a^b + \frac{\mathrm{i}}{\sqrt{2\pi}\omega}\int_a^b f^{(1)}(t)\mathrm{e}^{\mathrm{i}\omega t}\mathrm{d}t$$

となり，右辺の積分は Riemann の定理により $\omega \to \infty$ で消えるから

$$\frac{1}{\sqrt{2\pi}}\int_a^b f(t)\mathrm{e}^{\mathrm{i}\omega t}\mathrm{d}t = \frac{1}{\sqrt{2\pi}}\frac{\mathrm{i}}{\omega}\left[f(a)\mathrm{e}^{\mathrm{i}a\omega} - f(b)\mathrm{e}^{\mathrm{i}b\omega}\right] + o\left(\frac{1}{\omega}\right) \quad (\omega \to \infty)$$

を得る．一般に，$f(t)$ が n 回連続的に微分可能ならば，そして $f^{(k)}(b)=0$ ($k=0,\cdots N-1$) ならば，$\mathcal{F}_{ab}(\omega)$ は

$$\frac{1}{\sqrt{2\pi}}\int_a^b f(t)\mathrm{e}^{\mathrm{i}\omega t}\mathrm{d}t = \frac{1}{\sqrt{2\pi}}\sum_{k=0}^{N-1}\left(\frac{\mathrm{i}}{\omega}\right)^{k+1}f^{(k)}(a)\mathrm{e}^{\mathrm{i}a\omega} + R_N \tag{2.23}$$

となる．ここに

$$R_N(\omega) := \frac{1}{\sqrt{2\pi}}\left(\frac{\mathrm{i}}{\omega}\right)^N\int_a^b f^{(N)}(t)\mathrm{e}^{\mathrm{i}\omega t}\mathrm{d}t = o\left(\frac{1}{\omega^N}\right) \quad (\omega \to \infty).$$

Fourier 変換

$$\mathcal{F}(\omega) := \frac{1}{\sqrt{2\pi}}\int_0^\infty f(t)\mathrm{e}^{\mathrm{i}\omega t}\mathrm{d}t \tag{2.24}$$

において，$f(t)$ とその導関数が断片的に連続なら，積分区間 $[0,\infty)$ を分割して (2.23)を適用することができる．もし，
$$f(t) = (t-a)^{\lambda-1}\widetilde{f}(t) \qquad (0 < \lambda < 1;\ \widetilde{f}(t) \text{ は } N \text{ 回連続的微分可能})$$
の形であると，そうはいかないが

$$\frac{1}{\sqrt{2\pi}}\int_a^b f(t)\mathrm{e}^{\mathrm{i}\omega t}\mathrm{d}t = \frac{1}{\sqrt{2\pi}}\sum_{k=0}^{N-1}\frac{\Gamma(k+\lambda)}{k!}\frac{1}{\omega^{k+\lambda}}\mathrm{e}^{\mathrm{i}a\omega+\mathrm{i}(\lambda+k)\pi/2}\widetilde{f}^{(k)}(a) + R_N \tag{2.25}$$

が成り立つ．ここに，$R_N = O(1/\omega^N)$ である．$\widetilde{f}^{(k)}(b) = 0\,(k=0,\cdots,N-1)$ を仮定した．$1/\omega^N$ でも級数展開の最後の項の次数 $1/\omega^{N-1+\lambda}$ より高いことに注意．

[証明] $\sigma(t) := (t-a)^{\lambda-1}\mathrm{e}^{\mathrm{i}\omega t}$ とおいて，部分積分
$$\int_a^b \sigma(t)\widetilde{f}(t)\mathrm{d}t = \left[\widetilde{f}(t)\left(\hat{I}\sigma\right)(t)\right]_a^b - \int_a^b \widetilde{f}^{(1)}(t)\left(\hat{I}\sigma\right)(t)\mathrm{d}t$$
をくりかえせばよい．ここに $\hat{I}$ は不定積分の演算子で

$$\left(\hat{I}\sigma\right)(t) := \int_c^t \sigma(s)\mathrm{d}s \qquad (c \text{ は任意の，固定された定数}) \tag{2.26}$$

のように作用する．作用をくりかえすと

$$\left(\hat{I}^2\sigma\right)(t) = \int_c^t \mathrm{d}s'\int_c^{s'}\mathrm{d}s\,\sigma(s) = \int_c^t (t-s)\sigma(s)\mathrm{d}s$$

となり，一般に k 回のくりかえしで

$$\left(\hat{I}^k\sigma\right)(t) = \frac{1}{(k-1)!}\int_c^t (t-s)^{k-1}\sigma(s)\mathrm{d}s \qquad (k=1,2,\cdots)$$

となることが数学的帰納法によって容易に証明される．c は任意であったから $c = \mathrm{i}\infty$ にとろう．そうすると

$$\left(\hat{I}^k\sigma\right)(t) = \frac{1}{(k-1)!}\int_{\mathrm{i}\infty}^t (t-s)^{k-1}(s-a)^{\lambda-1}\mathrm{e}^{\mathrm{i}\omega s}\mathrm{d}s$$

となるが，$s := t + \mathrm{i}\eta$ とおけば

$$\left(\hat{I}^k\sigma\right)(t) = \frac{\mathrm{e}^{\mathrm{i}\omega t - \mathrm{i}k\pi/2}}{(k-1)!}\int_0^\infty \mathrm{e}^{-\omega\eta}\eta^{k-1}(t-a+\mathrm{i}\eta)^{\lambda-1}\mathrm{d}\eta. \tag{2.27}$$

特に，$t = a$ においては

$$\left(\hat{I}^k \sigma\right)(a) = \frac{\mathrm{e}^{\mathrm{i}\omega a + \mathrm{i}(\lambda-k-1)\pi/2}}{(k-1)!} \int_0^\infty \mathrm{e}^{-\omega s} \eta^{k+\lambda-2} \mathrm{d}\eta$$

となる．右辺の積分は $\Gamma(k+\lambda-1)/\omega^{k+\lambda-1}$ に等しい．

誤差の項は

$$R_N := (-1)^N \int_a^b \widetilde{f}^{(N)}(t) \left(\hat{I}^N \sigma\right)(t) \mathrm{d}t \tag{2.28}$$

である．ここで

$$\left(\hat{I}^N \sigma\right)(t) = \frac{\mathrm{e}^{\mathrm{i}\omega t - \mathrm{i}N\pi/2}}{(N-1)!} \int_0^\infty \eta^{N-1}(t-a+\mathrm{i}\eta)^{\lambda-1} \mathrm{e}^{-\omega \eta} \mathrm{d}\eta$$

は，$|t-a+\mathrm{i}\eta| \geqq t-a$ と $\lambda-1<0$ を考慮すれば

$$\left|\left(\hat{I}^N \sigma\right)(t)\right| \leqq \frac{(t-a)^{\lambda-1}}{(N-1)!} \int_0^\infty \mathrm{e}^{-\omega \eta} \eta^{N-1} \mathrm{d}\eta = \frac{(t-a)^{\lambda-1}}{\omega^N}$$

のように抑えられるから

$$|R_N| \leqq \frac{1}{\omega^N} \int_a^b |\widetilde{f}^{(N)}(t)|(t-a)^{\lambda-1}\mathrm{d}t = O\left(\frac{1}{\omega^N}\right) \tag{2.29}$$

が得られる．■

§2.4 Laplace 変換

(a) Watson の補題

Laplace 変換

$$\phi(z) = \int_0^\infty f(t)\mathrm{e}^{-zt}\mathrm{d}t \tag{2.30}$$

の $z \to \infty$ における漸近的な振舞いが知りたい．$f(t)$ が複素平面上で原点 $t=0$ のまわりで正則なら級数展開，あるいは部分積分の方法が使える．$f(t)$ が原点を分岐点とする場合にも役立つ道具として **Watson** の補題がある：

補題 2.1 (Watson)　$f(t)$ は，適当な $R, \delta, \Delta > 0$ に対し $0 < |t| < R+\delta$, $|\arg t| < \Delta$ で正則とし，ある定数 $q, K, b > 0$ とある角 χ に対して

(1)　$f(t) = \sum\limits_{k=1}^\infty a_k t^{(k/q)-1}$　　$(0 < |t| \leqq R)$　と展開され

(2)　$|f(r\mathrm{e}^{\mathrm{i}\chi})| < K\mathrm{e}^{br}$　$(r \geqq R)$　と抑えられる

ものとする．このとき漸近展開

$$\int_0^{\infty e^{i\chi}} f(t)e^{-zt}dt \sim \sum_{k=1}^{\infty} a_k \Gamma\left(\frac{k}{q}\right) z^{-k/q}$$

$$\left(|z| \to \infty,\ |\arg z + \chi| < \frac{\pi}{2} - \varepsilon;\ \varepsilon > 0\right)$$

が成り立つ．$f(t)$ が原点も含めて正則な場合 ($q=1$) には $|\arg t| < \Delta$ の条件は不要である．実軸の負の部分を切断にもち，それを除いて正則な場合には $\Delta = \pi$ とする．一般に $\Delta < \pi$ でもよい．

［証明］ まず，$\chi = 0$ の場合を証明する．

$$\int_0^{\infty} t^{(k/q)-1} e^{-zt} dt = \Gamma\left(\frac{k}{q}\right) z^{-k/q}$$

を計算しておく．証明すべきことは，任意の正の整数 M に対して

$$\int_0^{\infty} f(t)e^{-zt}dt = \sum_{k=1}^{M-1} \Gamma\left(\frac{k}{q}\right) a_k z^{-k/q} + R_M$$

とおくとき，この級数の最後の項の次にくるはずの項と

$$R_M := \int_0^{\infty} \left\{ f(t) - \sum_{k=1}^{M-1} a_k t^{(k/q)-1} \right\} e^{-zt} dt$$

が $|z| \to \infty$ で同じオーダーであること，すなわち $R_M / z^{-M/q}$ がそこで有界に留まることである．

R_M は次のようにして評価される．まず，M に対して適当に定数 C をとって

$$\left| f(t) - \sum_{k=1}^{M-1} a_k t^{(k/q)-1} \right| < Ce^{bt} t^{(M/q)-1} \quad (t > 0)$$

とすることができる．実際，絶対値記号のなかの差は，$t \leqq R$ では補題の仮定 (1) により $t^{(M/q)-1}$ で始まる収束級数で表わされ，したがって $t^{(M/q)-1}$ の定数倍より小さい；$t \geqq R$ では，補題の仮定 (2) により $Ke^{bt} + (t^{1/q}$ の多項式$)$ で抑えられる．

$\operatorname{Re} z = x$ と書けば，$|\arg z| \leqq \frac{\pi}{2} - \varepsilon$ では $|z| \to \infty$ につれ，いずれ $x > b$ になる．そのとき，上の評価式から

$$|R_M| \leqq C \int_0^{\infty} e^{-xt} e^{bt} t^{(M/q)-1} dt = \frac{C}{(x-b)^{M/q}} \Gamma\left(\frac{M}{q}\right)$$

となり,これは $|z|^{M/q}$ を掛けても $|z|\to\infty$ で有界に留まる.

補題の仮定で $\chi\neq 0$ の場合には,$f(t)$ の代わりに $\tilde{f}(t):=f(te^{i\chi})$ をとれば,$\chi=0$ の場合に帰着する(演習問題 2.7 参照). ∎

(b) 角領域についての注意

Watson の補題のいう漸近展開が成立する角領域は,補題に含まれている χ の選択の自由を利用して広げることができる場合が多い.

たとえば,(1.4)の関数は $z:=1/\xi$ とし,積分変数を t にして

$$\frac{1}{z}\phi(z) = \int_0^\infty \frac{e^{-zt}}{1+t}dt \qquad \left(|\arg z| < \frac{\pi}{2}\right) \tag{2.31}$$

と書きかえれば補題が適用できる.$f(t)=1/(1+t)$ に対しては $\Delta=\pi$ でよく,χ は $[-\pi,\pi]$ の任意の値でよい.したがって,漸近展開

$$\int_0^{\infty e^{i\chi}} \frac{e^{-zt}}{1+t}dt \sim \sum_{k=1}^\infty (-1)^{k-1}\frac{(k-1)!}{z^k} \qquad (|z|\to\infty) \tag{2.32}$$

が,角領域

$$-\frac{\pi}{2}-\chi+\varepsilon \leq \arg z \leq \frac{\pi}{2}-\chi-\varepsilon \qquad (-\pi<\chi\leq\pi;\ \varepsilon>0\ \text{は任意})$$

で成り立つ.χ を動かすと角領域は互いに重なりをもちながら回転するので,それぞれの角領域で左辺の積分によって定義される解析関数は互いに他の解析接続となる.こうして

$$-\frac{3\pi}{2} < \arg z < \frac{3\pi}{2} \tag{2.33}$$

で一つの解析関数 $\phi(z)$ が定義され,漸近展開(2.32)をもつ.

いま,z 平面の正の実軸から始めて ϕ を時計回りに解析接続して $z=-a+i\varepsilon\,(a>0)$ までゆくと,$\chi=-\pi$ にとって

$$\phi(-a+i\varepsilon) = (-a+i\varepsilon)\int_0^{-\infty}\frac{e^{(a-i\varepsilon)t}}{1+t}dt$$

となり,反時計まわりに解析接続して $z=-a-i\varepsilon$ までゆくと,$\chi=\pi$ にとって

$$\phi(-a-i\varepsilon) = (-a-i\varepsilon)\int_0^{-\infty}\frac{e^{(a+i\varepsilon)t}}{1+t}dt$$

となる．したがって，それぞれの積分で $(a\pm\mathrm{i}\varepsilon)t$ を $-s$ とおけば，$\varepsilon\downarrow 0$ で

$$\phi(-a+\mathrm{i}\varepsilon)-\phi(-a-\mathrm{i}\varepsilon) = -a\int_0^\infty \left(\frac{1}{s-a+\mathrm{i}\varepsilon}-\frac{1}{s-a-\mathrm{i}\varepsilon}\right)\mathrm{e}^{-s}\mathrm{d}s \to 2\pi\mathrm{i}a\mathrm{e}^{-a}$$

が得られる．この差は漸近展開(2.32)では見えないのである．

(c) **Fourier 変換への応用**

Watson の補題は Fourier 変換の漸近形を求めるためにも役に立つ場合がある．例として変形 Bessel 関数

$$K_0(z) = \frac{1}{2}\int_{-\infty}^\infty \frac{\mathrm{e}^{\mathrm{i}zt}}{\sqrt{1+t^2}}\mathrm{d}t \qquad (z>0) \tag{2.34}$$

をとりあげよう．積分路を図2.1のように変形すれば，大きい円弧 C_1, C_2 の寄与はその半径 $\rho\to\infty$ で消え，また分岐点を回る小円 C_5 の寄与もその半径 $\delta\to 0$ で消えるから

$$K_0(z) = \mathrm{e}^{-z}\int_0^\infty \frac{\mathrm{e}^{-z\eta}}{\sqrt{\eta(2+\eta)}}\mathrm{d}\eta$$

となって，Laplace 変換の形をとる．そして，右辺は Re $z>0$ なら収束して解析関数を定義する．これは，(2.34)の解析接続である．

被積分関数の $1/\sqrt{\eta(2+\eta)}$ は，$\Delta=\pi$, $-\pi<\chi<\pi$ に対して Watson の補題の仮定をみたす．被積分関数の最後の因子の Taylor 展開

$$\frac{1}{\sqrt{2+\eta}} = \sum_{k=0}^\infty a_k\eta^k$$

の係数は

$$a_k = (-1)^k\frac{(2k-1)!!}{k!2^{2k}\sqrt{2}} = \sqrt{\frac{\pi}{2}}\frac{1}{2^k k!\Gamma\left(-k+\frac{1}{2}\right)}$$

であるから，$|z|\to\infty$ における漸近展開

$$K_0(z) \sim \left(\frac{\pi}{2z}\right)^{1/2}\mathrm{e}^{-z}\sum_{k=0}^\infty \frac{\Gamma\left(k+\frac{1}{2}\right)}{k!\Gamma\left(-k+\frac{1}{2}\right)}\frac{1}{(2z)^k} \tag{2.35}$$

を得る．ただし，ここでも，χ を動かして解析接続をするものとして

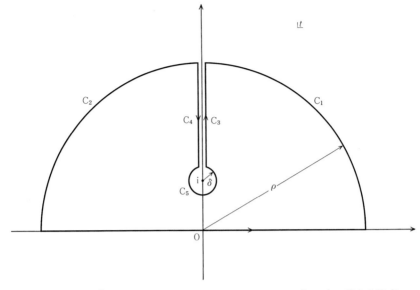

図 2.1 $(t \mp i)^{1/2}$ の切断を虚軸に沿う $\pm(i, i\infty)$ にとり, (2.34) の積分を複素 t 平面上で考える. C_3, C_4 上の点の $t=i$ からの距離を η とすれば, C_3 上では $t-i = e^{i\pi/2}\eta$, C_4 上では $t-i = e^{-3\pi i/2}\eta$ であり, 両者の上で $t+i = (2+\eta)e^{i\pi/2}$ である.

$$-\frac{3\pi}{2} < \arg z < \frac{3\pi}{2}. \qquad (2.36)$$

§2.5 積分区間の分割

積分区間を分割して, それぞれの中で被積分関数を適当に近似する方法である.

(a) 楕円積分の漸近値

いま, 第一種の完全楕円積分

$$K(k) := \int_0^{\pi/2} \frac{dx}{\sqrt{1-k^2\sin^2 x}} \qquad (|k|<1) \qquad (2.37)$$

を例にとって

$$K(k) \sim \frac{1}{k}\log\frac{4k}{\sqrt{1-k^2}} \qquad (k^2 \uparrow 1) \qquad (2.38)$$

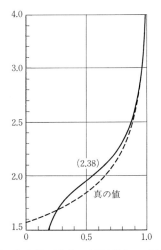

図 **2.2** 第一種の完全楕円積分．近似値 (2.38) と真の値との比較．

となることを示そう (図 2.2)．これはパラメタ k^2 が限界値 1 に近づく場合であるが，証明は，パラメタを変換して，それが大きくなる場合に焼き直して行なう．これは，$K(k)$ が $k\uparrow 1$ で $-(1/2k)\log(1-k)$ という特異性をもち，漸近展開できない例である．

この問題は，単振子が大きな振幅で振れる場合の周期を求めるときなどに現れる．

例 2.1 長さ l の軽い棒の一端に質量 m をつけ，他端のまわりに鉛直面内で自由に回転できるようにする．この振り子のエネルギーは，鉛直下方からの棒の振れ角を ϕ とすれば

$$E = \frac{1}{2}ml^2\left(\frac{\mathrm{d}\phi}{\mathrm{d}t}\right)^2 + mgl(1-\cos\phi) \tag{2.39}$$

で，時間的に一定．振子が最大 $\phi = \phi_0$ まで振れるとすれば $E = mgl(1-\cos\phi_0)$ だから，振動周期は

$$T = 4\int_0^{\phi_0}\frac{\mathrm{d}\phi}{\mathrm{d}\phi/\mathrm{d}t} = 4\sqrt{\frac{l}{2g}}\int_0^{\phi_0}\frac{\mathrm{d}\phi}{\sqrt{\cos\phi - \cos\phi_0}}$$

で与えられる．$\sin[\phi/2] := \sin[\phi_0/2]\sin x$ とおいて，積分変数を x に変えると

$$T = 4\sqrt{\frac{l}{g}} \int_0^{\pi/2} \frac{\mathrm{d}x}{\sqrt{1 - \sin^2 \frac{\phi_0}{2} \sin^2 x}}$$

となり，第一種の完全楕円積分 (2.37) によって

$$T = 4\sqrt{\frac{l}{g}} K(k) \qquad \left(k := \sin \frac{\phi_0}{2}\right) \tag{2.40}$$

と書ける．そして，大振幅 $\phi_0 \uparrow \pi$ のとき $k \uparrow 1$ となる．その場合の m の運動を図 2.3 に示す．周期 T が長くなるのは，m が軌道の上端に滞在する時間が延びるためである． □

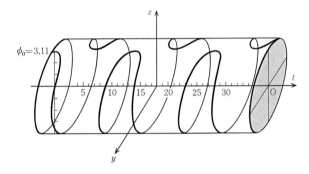

図 **2.3** 単振子の運動．棒をほぼ鉛直上向き ($\phi_0 = 3.11\,\mathrm{rad}$) にして静かに放した場合を示す．

(2.38) を導こう．まず，(2.37) の分母の $1 - k^2 \sin^2 x$ を $(1-k^2) + k^2 \cos^2 x$ と書き直し，$(\pi/2) - x$ を改めて x とおくことにより

$$K(k) = \frac{1}{\sqrt{1-k^2}} K(\mathrm{i}\kappa) \qquad \left(\kappa := \frac{k}{\sqrt{1-k^2}}\right) \tag{2.41}$$

と変形する．いうまでもなく

$$K(\mathrm{i}\kappa) = \int_0^{\pi/2} \frac{\mathrm{d}x}{\sqrt{1 + \kappa^2 \sin^2 x}} \tag{2.42}$$

である．$k \uparrow 1$ のとき $\kappa \to \infty$ となるから，このときの (2.42) の振舞いを調べればよい．

そのときには (2.42) の被積分関数の分母で $\kappa^2 \sin^2 x$ に比べて 1 を省略してもよさそうであるが，それは許されない．積分領域の中に $\sin x$ の小さいところが

あるからである．そこで，積分領域を $[0,\alpha]$ と $[\alpha,\pi/2]$ の二つに分けよう．ただし，$\alpha>0$ は

$$\begin{aligned} \sin\alpha \cong \alpha & \quad \text{としてよいくらい 小さく} \\ \kappa^2\sin^2\alpha \gg 1 & \quad \text{となるくらい 大きく} \end{aligned} \quad (2.43)$$

とる．$\kappa \gg 1$ だから，これは可能である．たとえば，$\alpha=1/\sqrt{\kappa}$ とすればよい．

第1の部分領域 $(0,\alpha)$ の寄与を I_1 とすれば，(2.43)により

$$I_1 \sim \int_0^\alpha \frac{\mathrm{d}x}{\sqrt{1+(\kappa x)^2}} = \frac{1}{\kappa}\log\left[\kappa\alpha+\sqrt{1+\kappa^2\alpha^2}\right]$$

と近似される．他方，第2の部分領域 $(\alpha,\pi/2)$ の寄与は

$$I_2 \sim \frac{1}{\kappa}\int_\alpha^{\pi/2} \frac{\mathrm{d}x}{\sin x} = -\frac{1}{2\kappa}\log\frac{1-\cos\alpha}{1+\cos\alpha}$$

としてよい．二つの寄与を加えて

$$K(\mathrm{i}\kappa) \sim \frac{1}{2\kappa}\log\left\{\frac{(\kappa\alpha+\sqrt{1+\kappa^2\alpha^2})^2}{1-\cos\alpha}(1+\cos\alpha)\right\}. \quad (2.44)$$

条件(2.43)のもとでは α が消えて

$$K(\mathrm{i}\kappa) \sim \frac{1}{\kappa}\log[4\kappa] \quad (\kappa\to\infty) \quad (2.45)$$

となる．(2.38)は，これから(2.41)によってだした．α が消えたのは，われわれの近似法がまちがっていなかったことの証拠である(図 2.2)．α のとり方(2.43)にはかなりの任意性があるので，結果がこれに大きく依存するようでは困る．

表 **2.2** 楕円積分の漸近的な近似と真の値．

k^2	(2.45)	(2.44)			$K(k)$
		$\alpha=0.240$	0.245	0.250	
0.990	3.702	3.739	3.737	3.736	3.69563
0.991	3.754	3.787	3.785	3.783	3.74776
0.992	3.812	3.840	3.839	3.837	3.80607
0.993	3.877	3.902	3.901	3.899	3.87225
0.994	3.953	3.974	3.972	3.971	3.94872
0.995	4.043	4.059	4.058	4.057	4.03925
0.996	4.153	4.165	4.164	4.164	4.15018
0.997	4.296	4.2958	4.3038	4.3031	4.29333
0.998	4.497	4.50085	4.50030	4.49977	4.49535
0.999	4.842	4.84154	4.84116	4.84079	4.84113

それでも，まったく依存しないのではなく，α は誤差を最も小さくするように選ぶことができる (表 2.2*3)．後の (2.49) を参照．

表 2.2 によれば，小さい k^2 では (2.45) の方が (2.44) より近似がよい．なお

$$\delta' := |(2.45) - (2.44)| \sim \frac{\alpha^2}{12\kappa} - \frac{1}{4\kappa^3 \alpha^2}. \tag{2.46}$$

（b）誤差の評価

誤差は，積分区間の分割に応じ各部分領域について別々に評価する．まず，第 1 の部分領域 $0 \leqq x \leqq \alpha$ を見よう．

$$\Delta_1 := \frac{1}{\sqrt{1+\kappa^2 \sin^2 x}} - \frac{1}{\sqrt{1+\kappa^2 x^2}} \leqq \frac{x^2 - \sin^2 x}{2\kappa x \sin^2 x}$$

は，中辺で通分して引き算し，分子を有理化した上で分母を簡略にすれば得られる．最右辺で分子に $\sin x \geqq x - x^3/3!$ を，分母に $\sin x \geqq 2x/\pi$ を用い

$$\Delta_1 \leqq \frac{\pi^2}{24\kappa} x.$$

もちろん，Δ_1 は $x=0$ を除いて正であるから

$$0 < \int_0^{\alpha} \Delta_1 dx < \frac{\pi^2}{48\kappa} \alpha^2 \tag{2.47}$$

を得る．第 2 の部分領域 $\alpha \leqq x \leqq \pi/2$ でも，同様の通分と有理化を経て

$$\Delta_2 := \frac{1}{\kappa \sin x} - \frac{1}{\sqrt{1+\kappa^2 \sin^2 x}} \leqq \frac{1}{2\kappa^3 \sin^3 x} \leqq \frac{1}{2\kappa^3} \left(\frac{\pi}{2x}\right)^3$$

とすれば，

$$0 < \int_{\alpha}^{\pi/2} \Delta_2 dx < \frac{\pi^3}{32\kappa^3} \frac{1}{\alpha^2}. \tag{2.48}$$

こうして，誤差 $\delta := (2.44) - (2.42)$ は (2.47) と (2.48) の和でおさえられ

$$0 < \delta < \frac{\pi^2}{48\kappa} \left(\alpha^2 + \frac{3\pi}{2\kappa^2} \frac{1}{\alpha^2}\right)$$

となる．最右辺は

---

*3 完全楕円積分の値は林・森口，前掲書からとった．

$$\alpha = \left(\frac{3\pi}{2}\right)^{1/4} \frac{1}{\sqrt{\kappa}} \tag{2.49}$$

のとき最小になり

$$0 < \delta < \frac{\pi^{5/2}}{8\sqrt{6}} \frac{1}{\kappa^2} = \frac{0.893}{\kappa^2}. \tag{2.50}$$

(2.41)を計算するため$1/\sqrt{1-k^2}=\sqrt{1+\kappa^2}$を掛けても誤差は$\kappa \to \infty$で0になる.

(2.44)を(2.45)でおきかえる場合には,さらに(2.46)を考慮に入れなければならない.その値は,(2.49)のとき

$$\delta' \sim \frac{1}{4}\sqrt{\frac{\pi}{6}}\left(1-\frac{2}{\pi}\right)\frac{1}{\kappa^2} = \frac{0.066}{\kappa^2}.$$

演習問題

2.1 $x \gg 1$に対する$\displaystyle\int_x^\infty \frac{1}{s}e^{-s}ds$の漸近展開による近似は,$x$に近い整数を$n$とするとき,第$n$項までとるのが最良であることを示せ.

2.2 関数$f(t)$は原点$t=0$で3回まで微分可能であり,第4階の微係数は存在しない.$\displaystyle\int_0^\infty e^{-xt}f(t)dt$の$x \to \infty$における漸近展開をもとめよ.

2.3 微分方程式

$$\frac{dy}{dx} + xy = 1, \qquad y(0) = 0$$

の解の$x \to \pm\infty$における漸近形を調べよ.

2.4 $x \to \infty$における漸近展開

$$\int_x^\infty \frac{e^{is}}{s^\alpha}ds \sim i\frac{e^{ix}}{x^\alpha}\sum_{k=0}^\infty \frac{\Gamma(\alpha+k)}{\Gamma(\alpha)}\frac{1}{(ix)^k}$$

を証明し,Fresnel積分

$$C(x) := \int_0^{x^2} \cos\left(\frac{\pi}{2}s^2\right)ds, \qquad S(x) := \int_0^{x^2} \sin\left(\frac{\pi}{2}s^2\right)ds$$

の漸近形を求めよ.これらの積分は,波の回折の理論に現れる.

2.5 $\displaystyle\int_0^\infty e^{-xt}\log(1+t^2)dt$の$x \to \infty$における漸近展開は,$\log(1+t^2)$を$t=0$のまわりに展開し,その収束半径が1であるにもかかわらず項別に$[0,\infty)$にわた

って積分すれば得られることを確かめよ.

2.6 $\int_0^\infty e^{-xt^2}\cos t\,dt$ を $x\to\infty$ で漸近展開し，正確な積分の結果と比較せよ．$\int_0^\infty e^{-xt^2}\sin t\,dt$ を $x\to\infty$ で漸近展開せよ．

2.7 $f(t)$ が Watson の補題の $\chi\neq 0$ の仮定をみたすとき $\widetilde{f}(t):=f(te^{\mathrm{i}\chi})$ は $\chi=0$ の仮定をみたす．したがって，
$$f(te^{\mathrm{i}\chi})=\sum_{k=1}^\infty \widetilde{a}_k t^{(k/q)-1}\quad (0<|t|<R,\ |\arg t|<\Delta)$$
とすれば，$\chi=0$ に対する補題から
$$\int_0^\infty f(te^{\mathrm{i}\chi})e^{-zt}dt \sim \sum_{k=1}^\infty \widetilde{a}_k \Gamma\left(\frac{k}{q}\right)z^{-k/q}$$
が成り立つ．これから $f(t)$ に対して $\chi\neq 0$ の Watson の補題が成り立つことを導け．

2.8 $z\int_0^\infty e^{-zt-t^2}dt$ ($|\arg z|<\dfrac{\pi}{2}$ の解析接続 $f(z)$ に対して次の漸近展開を証明せよ：
$$f(z)\sim 1-\frac{2!}{1!}\frac{1}{z^2}+\frac{4!}{2!}\frac{1}{z^4}-\quad (|z|\to\infty,\ |\arg z|<\frac{3\pi}{4}).$$

2.9 §2.4(c)では，$K_0(z)$ の積分表示を Laplace 変換に帰着させて $|z|\to\infty$ における漸近展開を調べた．§2.3 の Fourier 変換に対する理論を用いてみよ．

2.10 ν 次の変形 Bessel 関数は，積分表示
$$K_\nu(z)=\frac{\Gamma(\nu+\frac{1}{2})(2z)^\nu}{\sqrt{\pi}}\int_0^\infty \frac{\cos t}{(t^2+z^2)^{\nu+(1/2)}}dt\quad (\mathrm{Re}\,\nu>-\frac{1}{2},\ \mathrm{Re}\,z>0)$$
をもつ．漸近展開
$$K_\nu(z)\sim \left(\frac{\pi}{2z}\right)^{1/2}e^{-z}\sum_{k=0}^\infty \frac{\Gamma\left(\nu+k+\dfrac{1}{2}\right)}{n!\,\Gamma\left(\nu-k+\dfrac{1}{2}\right)}\frac{1}{(2z)^k}$$
$$\left(|z|\to\infty,\ |\arg z|<\frac{3\pi}{2}\right)$$
を証明せよ．特に，ν が半奇数の場合を調べよ．

2.11 $\phi(t)$ は原点の近傍で正則で，Taylor 展開 $\phi(t)=\sum_{k=0}^\infty a_k t^k$ をもつ．また遠方では，C および ν を正の定数として $|\phi(t)|<C\exp[bt^\nu]$ のように抑えられる．漸近展開

$$\int_0^\infty \phi(t)\exp[-zt^\nu]dt \sim \sum_{k=0}^\infty a_k \frac{1}{\nu} \Gamma\left(\frac{k+1}{\nu}\right) z^{-(k+1)/\nu}$$

$$\left(|z|\to\infty,\ |\arg z|<\frac{\pi}{2}\right)$$

を証明せよ．

2.12 自由 Fermi 粒子系の温度 T，化学ポテンシアル μ の状態における物理量の平均値は

$$F = \int_0^\infty \frac{f(E)}{\mathrm{e}^{\beta(E-\mu)}+1}\mathrm{d}E\ = \frac{1}{\beta}\int_{-X}^\infty \frac{f_1(x)}{\mathrm{e}^x+1}\mathrm{d}x \quad (X:=\beta\mu)$$

の形をとる $(\beta:=(k_\mathrm{B}T)^{-1})$．しばしば，$X$ は非常に大きい．$f_1(x):=f(E)\,[x=\beta(E-\mu)]$ を $x=X$ のまわりに展開して考えれば $f_1(x)=x^n\ (n=0,1,\cdots)$ の場合が計算できればよい．

(i) 部分積分により

$$F = \frac{1}{(n+1)\beta}\left[L_{n+1}+R_{n+1}^{(1)}(X)-R_{n+1}^{(2)}(X)-\frac{X^{n+1}}{\mathrm{e}^X+1}\right]$$

を確かめよ．ここに

$$L_n := \int_{-\infty}^\infty \frac{x^n}{(\mathrm{e}^{x/2}+\mathrm{e}^{-x/2})^2}\mathrm{d}x,$$

$$R_n^{(1)}(X) := \int_X^\infty x^n\mathrm{e}^{-x}\mathrm{d}x,\quad R_n^{(2)}(X) := \int_X^\infty \frac{2\mathrm{e}^x+1}{\mathrm{e}^x(\mathrm{e}^x+1)^2}\mathrm{d}x.$$

(ii) 次式を導け：

$$L_{2n+1}^{(1)}=0,\qquad L_{2n}^{(1)} = 2\Gamma(2n-1)\sum_{k=1}^\infty \frac{(-1)^{k-1}}{k^{2n}}$$

$$R_n^{(1)}(X) = \mathrm{e}^{-X}\sum_{k=0}^n \Gamma(k-1)\,{}_n\mathrm{C}_k X^{n-k}$$

$$0 < R_n^{(2)}(X) < (2\mathrm{e}^{-X}+\mathrm{e}^{-2X})\Gamma(k-1).$$

(iii) $S_n = \sum_{k=1}^\infty \dfrac{(-1)^{k-1}}{k^{2n}}$ の値は次のようになることを確かめよ：

n	1	2	3	4	5
S_n	$\dfrac{\pi^2}{12}$	$\dfrac{7\pi^4}{720}$	$\dfrac{31\pi^6}{30\,240}$	$\dfrac{127\pi^8}{1\,209\,600}$	$\dfrac{2\,555\pi^{10}}{239\,500\,800}$

第3章

峠道の方法

前章に続いて積分を漸近的に評価することを考える．この章で扱うのは複素平面上の路に沿う解析関数の積分で，積分路を変形して積分への寄与が漸近的にごく限られた部分だけからくるようにする．この方法を用いて，確率論でいう大偏差原理を導き，また量子力学的運動の古典極限を調べよう．

§3.1 積分への寄与の集中化

（a）考え方

$\nu > 0$ 次の Hankel 関数

$$H_\nu^{(1)}(\zeta) := \frac{1}{\pi i} \int_{-\infty}^{\infty + i\pi} e^{\zeta \sinh z - \nu z} \, dz \quad \left(\zeta \neq 0, \, |\arg \zeta| < \frac{\pi}{2}\right) \quad (3.1)$$

をとりあげよう．$|\arg \zeta| < \pi/2$ とするから $\xi := \mathrm{Re}\,\zeta > 0$ である．積分は $z \to -\infty$ と $z \to \infty + i\pi$ を結ぶ任意の路 C に沿って行なう．$z = x + iy$ と書けば

$$\sinh z = \frac{1}{2}\left(e^{x+iy} - e^{-x-iy}\right) = \sinh x \cos y + i \cosh x \sin y$$

であるから，積分路の上端，下端で，被積分関数の絶対値は

$$\left|e^{\zeta \sinh z - \nu z}\right| \sim \begin{cases} \exp\left[+\dfrac{1}{2}\xi e^{x+i\pi} - \nu x\right] & (\text{上端}: \; x \to +\infty) \\ \exp\left[-\dfrac{1}{2}\xi e^{-x} - \nu x\right] & (\text{下端}: \; x \to -\infty) \end{cases} \quad (3.2)$$

となり，急速に 0 にゆく．これは $\zeta \neq 0$, $|\arg \zeta| < \pi/2$ としたからで，そうしな

かったら積分は発散する．なお，$\arg\zeta=\chi$として，積分路の上端$\infty+\mathrm{i}y_\infty$を$\pi/2<y_\infty+\chi<3\pi/2$の範囲で変えても，また下端$-\infty+\mathrm{i}y_{-\infty}$は$-\pi/2<-y_{-\infty}+\chi<\pi/2$の範囲で変えても積分の値は変らない．

この章では，この種の積分の積分路を上手にとって，$\zeta\to\infty$ではそのごく小さい部分から積分への主な寄与がくるようにすることを考えたい．これが表題とした積分への寄与の集中化である．こうしておけば，$H_\nu(\zeta)$の$\zeta\to\infty$での漸近的な挙動を手際よく見いだすことができるだろう．

この関数は，たとえば波数kの2次元波動の方程式$(\Delta+k^2)\psi=0$の解を与えるものとして物理に登場する．すなわち，極座標をとって$\psi(\rho,\phi)=R(\rho)\mathrm{e}^{\mathrm{i}\nu\phi}$とおけば，波動方程式は

$$\left(\frac{\mathrm{d}^2}{\mathrm{d}\rho^2}+\frac{1}{\rho}\frac{\mathrm{d}}{\mathrm{d}\rho}+k^2-\frac{\nu^2}{\rho^2}\right)R(\rho)=0$$

となり，これを$R(\rho)=H_\nu^{(1)}(k\rho)$がみたすのである．実際

$$\frac{\mathrm{d}}{\mathrm{d}\zeta}H_\nu^{(1)}(\zeta)=\frac{1}{\pi\mathrm{i}}\int_{-\infty}^{\infty+\pi\mathrm{i}}\sinh z\,\mathrm{e}^{\zeta\sinh z-\nu z}\,\mathrm{d}z$$

$$\nu H_\nu^{(1)}(\zeta)=-\frac{1}{\pi\mathrm{i}}\int_{-\infty}^{\infty+\pi\mathrm{i}}\mathrm{e}^{\zeta\sinh z}\frac{\mathrm{d}}{\mathrm{d}z}\mathrm{e}^{-\nu z}\,\mathrm{d}z$$

を部分積分で変形すれば

$$\left(\frac{\mathrm{d}^2}{\mathrm{d}\zeta^2}+\frac{1}{\zeta}\frac{\mathrm{d}}{\mathrm{d}\zeta}+1-\frac{\nu^2}{\zeta^2}\right)H_\nu^{(1)}(\zeta)=0 \tag{3.3}$$

が確かめられる．

$H_\nu^{(1)}(\zeta)$の$\zeta\to 0$での挙動は，すぐわかる．$H_\nu^{(1)}(\zeta)\sim\zeta^s$として微分方程式に入れれば$s=\pm\nu$となるが，(3.1)から$H_\nu^{(1)}(\zeta)$は$\zeta=0$で発散するはずだから$s=-\nu$である．

ここでは，上でも触れたとおり，$|\zeta|\to\infty$での$H_\nu^{(1)}(\zeta)$の漸近的な挙動が調べたい．

実は，一般に

$$F(\zeta)=\int_C \mathrm{e}^{\zeta w(z)}f(z)\,\mathrm{d}z \tag{3.4}$$

という形の積分の$|\zeta|\to\infty$における漸近挙動を調べたい．それを，積分路を上手

にとって積分への寄与を集中化する方法で行なうことを考える．ここに，$f(z)$ は ζ によらず，また被積分関数は積分路 C の両端で速やかに 0 にゆくものとする．積分路を動かすので，複素 z 平面上で必要なだけ広い領域 D で $w(z)$ も $f(z)$ も正則としておく．(3.1) の例は，まさしく (3.4) の形であり，$w(z) = \sinh z$ も $f(z) = e^{-\nu z}$ も全複素 z 平面で (無限遠点を除いて) 正則である．

(b) 峠の道

積分 (3.4) への寄与は主にどの辺からくるのだろうか？ z 平面に垂直に
$$|e^{\zeta w(z)}| = e^{\mathrm{Re}\{\zeta w(z)\}}$$
の軸をとって高さを調べよう．積分への寄与を調べるには，被積分関数の大きさを見るのが本来だが，いま興味がある $|\zeta| \to \infty$ では，$e^{\mathrm{Re}\{\zeta w(z)\}}$ が圧倒的にそれを支配する．

積分路 C に沿って見てゆくと，その両端では $e^{\mathrm{Re}\{\zeta w(z)\}} \to 0$ だから，途中に極大点 z_0 がある (複数あるかもしれないが，いまはその一つに注目する)．$\zeta \to \infty$ では高さの差が強調されるので，積分には z_0 の近傍からの寄与が大きかろう．いや，$\zeta \to \infty$ の被積分関数は，$e^{i \mathrm{Im}\{\zeta w(z)\}}$ のため，z が積分路を動くといよいよ激しく振動する．これが寄与を消してしまうかもしれない．そこで，積分路 C を変形して

(1) C は $\exp\left[\mathrm{Re}\{\zeta w(z)\}\right]$ の極大点 z_0 をとおる
(2) C の上で $\exp\left[\mathrm{Im}\{\zeta w(z)\}\right]$ は変化しない．つまり，$\zeta w(z)$ の虚数部分は一定である

ようにしよう．この条件をみたす積分路を峠道 (steepest path) という．積分路の変形は，被積分関数が正則な領域 D の中でできるものとする．

積分路がこのようにとれるならば，積分には鞍点 z_0 の近傍が集中的に寄与するから，漸近評価がしやすくなる．その近傍からの寄与のみをとるのが一つの近似で，この方法を**鞍点法** (saddle-point method) という．峠道の全体を考慮するなら**最急勾配法** (method of steepest descent) という．名前の由来は間もなくわかる．

これまでも暗に前提してきたことだが，
$$\zeta = \rho e^{i\chi} \quad \text{として} \quad \chi \text{ を固定する．}$$

そして，$\zeta w(z) = \rho \cdot e^{i\chi} w(z)$ と見直し，点 z_0 での値との差を実部，虚部に分解しよう：

$$e^{i\chi} w(z) := e^{i\chi} w(z_0) + u(x,y) + iv(x,y) \qquad (z = x+iy).$$

z_0 の位置では実数部分 u が極大だから

$$\frac{\partial u}{\partial x} = \frac{\partial u}{\partial y} = 0 \qquad (z = z_0) \tag{3.5}$$

でなければならない．条件(2)からは

$$\frac{\partial v(x,y)}{\partial s} = 0 \qquad (z \in \mathsf{C}) \tag{3.6}$$

が要求される．$\partial/\partial s$ は C に沿っての微分である．二つの要求は，$w(z)$ の正則性のおかげで両立する．実際，$w(z)$ が D で正則なことは，D の各点で何度でも微分できること，とりわけ微係数が微分の方向によらないことを意味するから

$$\frac{\partial}{\partial x}(u+iv) = \frac{\partial}{i\partial y}(u+iv)$$

が成り立つ．両辺の実数部分，虚数部分を比べて

$$\frac{\partial u}{\partial x} = \frac{\partial v}{\partial y}, \quad \frac{\partial v}{\partial x} = -\frac{\partial u}{\partial y} \qquad (z \in \mathsf{D}) \tag{3.7}$$

を得る(Cauchy–Riemann の方程式)．よって，(3.5)から z_0 では $v(x,y)$ のどの方向からの微分も 0 であり，もちろん(3.6)も成り立つ．このことは，また(3.5)の z_0 を

$$\frac{dw(z)}{dz} = 0 \qquad (z = z_0)$$

から定めてよいことを示している．

それだけではない．Cauchy–Riemann の方程式から

$$\left(\frac{\partial^2}{\partial x^2} + \frac{\partial^2}{\partial y^2}\right) u(x,y) = 0$$

が得られ(調和条件)，これまで極大点といってきたものは，C の両側まで眺めれば実は峠(col)であったことがわかる．実際，z_0 の近傍で u が

$$u(x,y) = u(x_0, y_0) + a(x-x_0)^2 + b(y-y_0)^2 \qquad (z \sim z_0) \tag{3.8}$$

と近似される場合でいえば，調和条件から $a = -b$ がでて

$$u(x,y) = u(x_0, y_0) - b\Big\{(x-x_0)^2 - (y-y_0)^2\Big\}$$

となるから

$$\left|e^{\zeta w(z)}\right| = Ce^{\rho u(x,y)} = Ce^{-\rho b[(x-x_0)^2-(y-y_0)^2]} \qquad (C := |e^{\zeta w(z_0)}|)$$

は,$b>0$ の場合, x-軸方向には $z_0 = x_0 + iy_0$ で極大,その両側を y-軸方向にそそり立つ崖がはさんでいる(図 3.1).これが馬の鞍の形をしていることから $z=z_0$ は鞍点(saddle point)ともよばれる.峠道は,その近傍で $y = \mathrm{const.} = y_0$ である.その道をたどることは,x を x_0 から増し,または減らすことで,いずれにしても峠を勾配の最も急な方向に下ることになる.これが最急勾配法という名前の由来である.z_0 から離れても道は多くの場合に下がりっぱなしであることが,すぐ後にわかる.

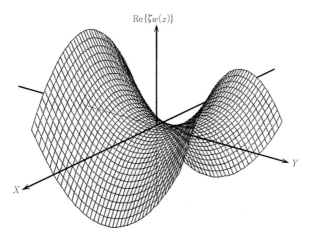

図 **3.1** 2 次の鞍点付近の $\mathrm{Re}\{\zeta w(z)\}$.鞍点と同じ高さの点を連ねた曲線を水準線(level curve)という.$X = x - x_0, Y = y - y_0$ とした.

いまの場合,$e^{i\chi}w(z) - e^{i\chi}w(z_0)$ は z_0 の近傍で $-b(z-z_0)^2$ であって

$$v(x,y) = -2b(x-x_0)(y-y_0) \qquad (z \sim z_0).$$

積分路 $y = y_0$ の上で $v(x,y) = 0$ となり峠道の条件(2)もみたされている.

$u(x,y)$ が(3.8)ほど単純でなく $(x-x_0)(y-y_0)$ の項を含んでいても,座標軸を回転すれば上の場合に帰着する.一般に $z = z_0$ での Taylor 展開が p 次の項か

ら始まる場合には，そこに上ってくる p 本の峠道が出会うことになるが，これは p 次の鞍点とよばれる．

さて，$z=z_0$ を起点とする道の長さ s をパラメタにして C を $\bigl(x(s),y(s)\bigr)$ と表示すれば，峠道を $\zeta w(z)$ の虚数部分が一定になるようにとったことから

$$\frac{du}{ds} = e^{i\chi}\frac{dw}{dz}\left(\frac{dx}{ds}+i\frac{dy}{ds}\right)$$

が得られ，$|du/ds|=|dw/dz|$．したがって，峠道に沿って z_0 から離れるにつれて減少していた u が増加に転じ得るのは別の鞍点あるいは特異点に出会ったときに限る．この，おそらく稀な場合を除いて，積分 (3.4) の $\bigl|e^{\zeta w(z)}\bigr|$ は峠道に沿って鞍点から離れるとき減少を続ける．

例 3.1 積分 (3.1) の場合．$w(z)=\sinh z$ だから，鞍点は $dw/dz=\cosh z=0$．すなわち

$$\frac{1}{2}\left(e^{x+iy}+e^{-x-iy}\right) = \cosh x \cos y + i \sinh x \sin y = 0$$

から定まり，虚軸上 $(x=0)$，$y=(\pi$ の半奇数倍$)$ の位置に分布する．その中の $z_0=\pi i/2$ を調べよう．$\sinh z$ を z_0 のまわりに展開すれば

$$w(z) = \sinh z = i + \frac{i}{2}(z-z_0)^2 + \cdots$$

となる．$e^{i\chi}\sinh z = ie^{i\chi}+u+iv$ は，$e^{i\chi/2}(z-z_0):=x_1+iy_1$ とおけば近似的に

$$u = -x_1 y_1, \quad v = \frac{1}{2}(x_1{}^2 - y_1{}^2).$$

これを (3.8) の形に直すため

$$X = \frac{1}{\sqrt{2}}(x_1+y_1), \quad Y = \frac{1}{\sqrt{2}}(x_1-y_1)$$

とおけば

$$u = -\frac{1}{2}(X^2-Y^2), \qquad v = XY$$

を得る．積分路 C は峠を最も急勾配で下るようにとるのだから (z_0 の近傍では) X-軸に重なる (図 3.2)．その上では $Y=0$ で

§3.1 積分への寄与の集中化　　　49

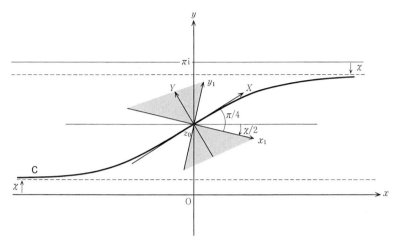

図 **3.2** 峠座標 (X,Y). X-軸は峠 z_0 における峠道 C の方向を，Y-軸は山側を指す．山側を灰色で示す．

$$u = -\frac{1}{2}X^2, \qquad v = 0 \qquad (\text{C の上，鞍点の近く}) \qquad (3.9)$$

となる．峠道 C に沿って進むことは，$Y=0$ として X を変えることである．z に戻せば

$$z = z_0 + e^{-i\chi/2}(x_1 + iy_1) = \frac{\pi}{2}i + Xe^{i(\pi/4 - \chi/2)} \qquad \left(z \sim z_0 = \frac{\pi}{2}i\right)$$

となるから，点 $z_0 = \pi i/2$ を角度 $\dfrac{\pi}{4} - \dfrac{\chi}{2}$ だけ上向きの方向に過ぎることである．(3.2)で見た理由から $|\chi| < \pi/2$ としているので，これは真に上向きである．

積分路 C は，z_0 の近傍に限らなければ条件 (2) の $\mathrm{Im}\{e^{i\chi}w(z)\} = \mathrm{Im}\{e^{i\chi}w(z_0)\}$ から定める．すなわち

$$\mathrm{Im}\left\{e^{i\chi}\frac{1}{2}(e^{x+iy} - e^{-x-iy})\right\} = \cos\chi \qquad (3.10)$$

から定めるので，$x \to \pm\infty$ で $\sin(\chi \pm y) \to 0$ となるが，(3.2)の下に注意したことから $x \to -\infty$ では $-y + \chi$ は $(-\pi/2, \pi/2)$ に，$x \to \infty$ では $y + \chi$ は $(\pi/2, 3\pi/2)$ に落ちるべきである．したがって

$$x \to \pm\infty, \qquad y \to \begin{cases} \pi - \chi \\ \chi \end{cases}$$

こうして，積分路は(3.1)の被積分関数が正則な領域をとおって指定された二つの終端（と同等な終端）を結ぶことになった．途中で z_0 以外の鞍点に出会うことはない．

なお，もし $z_0 = \pi i/2$ 以外の鞍点を選んでいたら，$\mathrm{Im}\,\zeta w(z) = \mathrm{const.}$ からきまる積分路は(3.1)で指定された終端と同等な終端には着かなかっただろう．鞍点の選択は正しかったのである． □

§3.2 鞍点法

例 3.1 において，積分(3.1)を $|\zeta| \to \infty\,(|\arg\zeta| < \pi/2)$ で漸近的に評価しようとするとき，被積分関数が，鞍点 $z_0 = \pi i/2$ の近くで

$$\frac{1}{\pi i}\mathrm{e}^{\zeta \sinh z - \nu z} \sim \mathrm{e}^{-|\zeta|X^2/2 + \mathrm{i}\zeta} f(z) \qquad \left(f(z) := \frac{1}{\pi i}\mathrm{e}^{-\nu z}\right) \quad (3.11)$$

のように近似されることを見た．X 軸は鞍点で角度 $\dfrac{\pi}{4} - \dfrac{\chi}{2}$ だけ上向きの積分路に接しているので

$$\mathrm{d}z = \mathrm{e}^{\mathrm{i}(\pi/4 - \chi/2)}\mathrm{d}X \qquad (3.12)$$

である．前節の一般論から，C 上で鞍点 z_0 から離れるにつれて被積分関数は絶対値において単調に減少する．減少は，すでに鞍点の近くで(3.11)のように顕著であるから

(1) 積分領域をそこに限っても，$\zeta \to \infty$ のとき漸近的によい近似が得られるであろう．

(2) その被積分関数のままで積分範囲を X-軸全体に広げても大きな誤差は生じまい．

この近似をとるのが **鞍点法** である．詳しく言えば，(3.11)の近似をとり，X の積分範囲をそれが成り立つくらい小さい $(-\varepsilon, \varepsilon)$ に限るのが(1)であって

$$H_\nu^{(1)}(\zeta) \sim \mathrm{e}^{\mathrm{i}\zeta}\mathrm{e}^{\mathrm{i}(\pi/4 - \chi/2)} \int_{-\varepsilon}^{\varepsilon} f(z)\mathrm{e}^{-|\zeta|X^2/2}\,\mathrm{d}X$$

とする．さらに，ε は小さいので，$f(z)$ が $z = z_0$ の近傍で連続なことから

$$f(z) \quad を \quad f(z_0) \quad に置き換える \qquad (3.13)$$

近似をする．ここで，積分変数を $t := \sqrt{|\zeta|}X$ に変えると

§3.2 鞍点法

$$\int_{-\varepsilon}^{\varepsilon} f(z) e^{-|\zeta|X^2/2}\, dX \sim f(z_0)\sqrt{\frac{1}{|\zeta|}} \int_{-\varepsilon\sqrt{|\zeta|}}^{\varepsilon\sqrt{|\zeta|}} e^{-t^2/2}\, dt$$

となるが，ε は小さくても $|\zeta|$ が大きければ最後の積分の積分範囲を $(-\infty,\infty)$ としてよい．これが，上の(2)である．(3.11), (3.13)は(3.4)でいえば $w(z)$ と $f(z)$ を鞍点 z_0 のまわりで展開して前者は2次まで，後者は0次までとったことである．その先の項の影響は $\zeta \to \infty$ の極限で消えることが確かめられる(演習問題 3.7)．

こうして，鞍点法の近似は

$$H_\nu^{(1)}(\zeta) \sim e^{i\zeta} e^{i(\pi/4-\chi/2)} f(z_0) \int_{-\infty}^{\infty} e^{-|\zeta|X^2/2}\, dX$$

とすることと同じである．$f(z_0) = (1/\pi i) e^{-i\nu\pi/2}$ であるから

$$H_\nu^{(1)}(\zeta) \sim \left(\frac{2}{\pi\zeta}\right)^{1/2} e^{i\zeta} e^{-i(\nu+1/2)\pi/2} \quad \left(|\zeta| \to \infty,\ |\arg\zeta| < \frac{\pi}{2}\right) \tag{3.14}$$

を得る．X に関する積分からきた $\sqrt{2/\pi|\zeta|}$ に積分路の傾きからきた位相 $e^{-i\chi/2}$ がついて $(2/\pi\zeta)^{1/2}$ となった．

この結果は確かに波動のものである．因子 $e^{i\zeta}$ がそうであるだけでなく，$\zeta^{-1/2}$ も，$|H_\nu^{(1)}|^2$ が半径 $|\zeta|$ の円周の長さに反比例することを意味し，平面上の波動の特徴である．

念のため，鞍点法を要約しておこう．(3.4)でいえば，導関数を $'$ で表わして，$w'(z)=0$ からきまる鞍点 z_0 のまわりの展開

$$w(z) = w(z_0) + \frac{1}{2} w''(z_0)(z-z_0)^2 + \cdots \tag{3.15}$$

から，鞍点の近傍に実変数 X で記述される峠道をとって

$$\zeta w(z) = \zeta w(z_0) - \frac{1}{2}|\zeta w''(z_0)|X^2 + \cdots \tag{3.16}$$

$$(z-z_0 = X e^{-i(\arg w''(z_0) + \arg\zeta \mp \pi)/2})$$

とし，積分(3.4)を，鞍点の近傍からの寄与で

$$\int_C e^{\zeta w(z)} f(z)\, dz \sim$$

$$\mathrm{e}^{-\mathrm{i}(\arg w''(z_0)+\arg \zeta \mp \pi)/2}\mathrm{e}^{\zeta w(z_0)}f(z_0)\int_{-\infty}^{\infty}\mathrm{e}^{-|\zeta w''(z_0)|X^2/2}\,\mathrm{d}X$$

のように近似するのである．複号は，$\mathrm{d}X$ 積分の向きが本来の (3.4) における C の向きに合うように選ぶ．こうして，鞍点法の近似

$$\int_{\mathsf{C}}\mathrm{e}^{\zeta w(z)}f(z)\,\mathrm{d}z \sim \mathrm{e}^{\pm\mathrm{i}\pi/2}\mathrm{e}^{\zeta w(z_0)}f(z_0)\left(\frac{2\pi}{\zeta w''(z_0)}\right)^{1/2} \quad (3.17)$$

を得る．これからも明らかなように，$w(z)$ の鞍点 z_0 のまわりの展開を用いて

$$\int_{\mathsf{C}}\mathrm{e}^{\zeta w(z)}f(z)\,\mathrm{d}z \sim \mathrm{e}^{\pm\mathrm{i}\pi/2}\mathrm{e}^{\zeta w(z_0)}f(z_0)\int_{\mathsf{C}'}\mathrm{e}^{-\zeta w''(z_0)(z-z_0)^2/2}\,\mathrm{d}z$$

としてもよい．積分路 C' は，それに沿って $\mathrm{Re}\{\zeta w''(z_0)(z-z_0)^2\}>0\,(z\in\mathsf{C}')$ であるような向きに走る直線(両端とも無限遠にいたる)をとる．複号は，もとの C を C' に重ねるように変形したとき向きが同じなら $+$，反対なら $-$ をとる．さきの Hankel 関数の例では $+$ である．$w''(z_0)=\mathrm{e}^{\mathrm{i}\pi/2}$, $f(z_0)=(1/\pi\mathrm{i})\mathrm{e}^{-\mathrm{i}\nu\pi/2}$ だから

$$\mathrm{e}^{\mathrm{i}\pi/2}\mathrm{e}^{\zeta w(z_0)}f(z_0)\left(\frac{2\pi}{\zeta w''(z_0)}\right)^{1/2} = \mathrm{e}^{\mathrm{i}\pi/2}\mathrm{e}^{\mathrm{i}\zeta}\mathrm{e}^{-\mathrm{i}\nu\pi/2}\frac{1}{\pi\mathrm{i}}\left(\frac{2\pi}{\zeta \mathrm{e}^{\mathrm{i}\pi/2}}\right)^{1/2}$$

となって，(3.14) に一致する．

§3.3 最急勾配法

最急勾配法は，鞍点法のように鞍点の近傍だけを考慮するのでなく，峠道の全体からくる積分への寄与を集める．前節に引き続き Hankel 関数 (3.1) の例で説明しよう．例 3.1 で見たように，積分 (3.1) では鞍点 $z=\pi\mathrm{i}/2$ を考えればよい．さしあたり，$\zeta=$ 実数 >0 とする ($\mathrm{Re}\,\zeta>0$ まで (3.20) の下で拡張する)．鞍点 $z=\pi\mathrm{i}/2$ を通る峠道は，その上で $\zeta w(z)=\zeta\sinh z$ の虚数部分が一定なことから

$$\sinh z = \mathrm{i}-\tau$$

により，実数 τ が $-\infty$ から ∞ まで動くとして，向きも含めて表わされる．いま，$z=\frac{1}{2}\pi\mathrm{i}+t$ とおけば積分 (3.1) は

$$H_\nu^{(1)}(\zeta) = \frac{1}{\pi\mathrm{i}}\int_{-\infty-\frac{1}{2}\pi\mathrm{i}}^{\infty+\frac{1}{2}\pi\mathrm{i}}\mathrm{e}^{\mathrm{i}\zeta\cosh t-\nu t-\frac{1}{2}\nu\pi\mathrm{i}}\,\mathrm{d}t,$$

あるいは

$$H_\nu^{(1)}(\zeta) = \frac{2}{\pi i} e^{-\frac{1}{2}\nu\pi i} \int_0^{\infty+\frac{1}{2}\pi i} e^{i\zeta\cosh t} \cosh \nu t \, dt \qquad (3.18)$$

となり，この後の形では峠道も半分になって

$$\cosh t = 1 + i\tau \qquad (\tau \text{は実数}: 0 \text{から} \infty \text{にいたる}) \qquad (3.19)$$

で表わされる．そこで，τを積分変数にとって

$$H_\nu^{(1)}(\zeta) = \frac{2e^{-\frac{1}{2}\nu\pi i}}{\pi i} e^{i\zeta} \int_0^\infty e^{-\zeta\tau} \cosh[\nu t(\tau)] \frac{dt}{d\tau} \, d\tau \qquad (3.20)$$

と書けば，これは Laplace 変換の形をしている．$dt/d\tau = i/\sinh t$ であり，$\tau \to \infty$ のとき $\cosh \nu t$ も $\sinh t$ も τ のベキでしか増加しないから，積分は複素平面上 $\text{Re}\,\zeta > 0$ で収束し，そこへの解析接続を定める．

この積分は Laplace 変換型だから，$|\zeta| \to \infty$ の漸近挙動を見るには Watson の補題(補題 2.1)を利用することが考えられる．被積分関数が補題の条件をみたしていることを確かめよう．$|\arg \zeta| < \pi/2$ として考えることにしよう．

(1) **解析性** まず，(3.19)を

$$\sinh \frac{t}{2} = e^{i\pi/4} \left(\frac{\tau}{2}\right)^{1/2} \qquad (3.21)$$

と書けば，峠道の上では τ は実軸の正の部分を走り，$\tau^{1/2} > 0$ である．複素 τ 平面上では，$\sinh(t/2)$ は原点を分岐点にもつことを除いて正則である．そして

$$\sinh \frac{t}{2} = \frac{1}{2}(e^{t/2} - e^{-t/2})$$

を解いて得る

$$e^{t/2} = \sinh \frac{t}{2} + \sqrt{\sinh^2 \frac{t}{2} + 1} \qquad (3.22)$$

は $\sinh(t/2)$ の関数として $|\sinh(t/2)| < 1$ で正則であるから

$$\sinh \nu t = \frac{1}{2}(e^{\nu t} - e^{-\nu t}) \qquad (3.23)$$

は複素 τ 平面上 $0 < |\tau| < 1$ で正則である．したがって，その導関数(の $1/\nu$ 倍)も，さらに

$$f(\tau) = e^{-\zeta\tau} \cosh\nu t \frac{dt}{d\tau}$$

もそうである．

(2) **級数展開** 次の式を用意する（下の注意を参照）：

$$(u+\sqrt{u^2+1})^{2\nu} = 2\nu u \left[\sum_{r=0}^{\infty} \frac{\left(\frac{1}{2}-\nu\right)_r \left(\frac{1}{2}+\nu\right)_r}{(2r+1)!} (-1)^r (2u)^{2r} \right]$$

$$+ (u \text{ の偶数次の級数}). \tag{3.24}$$

ただし，$(\alpha)_r := \alpha(\alpha+1)\cdots(\alpha+r-1)$．$u$ に (3.21) を代入し (3.22) を用いて

$$\sinh\nu t = 2\nu e^{\pi i/4} \left(\frac{\tau}{2}\right)^{1/2} \left[\sum_{r=0}^{\infty} \frac{\left(\frac{1}{2}-\nu\right)_r \left(\frac{1}{2}+\nu\right)_r}{(2r+1)!} (-2i\tau)^r \right].$$

微分して，

$$\cosh\nu t \frac{dt}{d\tau} = e^{\pi i/4} \left(\frac{1}{2\tau}\right)^{1/2} \left[\sum_{r=0}^{\infty} \frac{\left(\frac{1}{2}-\nu\right)_r \left(\frac{1}{2}+\nu\right)_r}{(2r)!} (-2i\tau)^r \right] \tag{3.25}$$

を得る．これは確かに $\tau=0$ を分岐点とし，[…] 内の級数は $|\tau|<2$ で収束する．

注意 (3.24) は次のようにすれば導ける．$f(u)=\left(u+\sqrt{u^2+1}\right)^{\nu}$ とおけば，$df/du = \nu f/\sqrt{u^2+1}$ となり

$$\left\{(u^2+1)\frac{d^2}{du^2} + u\frac{d}{du} - \nu^2\right\}f = 0$$

が成り立つ．この式は，β_r, γ_r を定数として

$$\left\{(u^2+1)\frac{d^{r+2}}{du^{r+2}} + \beta_r u\frac{d^{r+1}}{du^{r+1}} + \gamma_r \frac{d^r}{du^r}\right\}f = 0 \quad (r=0,1,\cdots)$$

の形の式が成立することを示唆する．実際，これを仮定して微分してみると

$$\left\{(u^2+1)\frac{d^{r+3}}{du^{r+3}} + (\beta_r+2)u\frac{d^{r+2}}{du^{r+2}} + (\gamma_r+\beta_r)\frac{d^{r+1}}{du^{r+1}}\right\}f = 0$$

となるから，漸化式

$$\beta_{r+1} = \beta_r + 2, \qquad \gamma_{r+1} = \gamma_r + \beta_r$$

が得られる．$\beta_0=1, \gamma_0=-\nu^2$ なので $\beta_r=2r+1, \gamma_r=r^2-\nu^2$ が知られ

$$\left\{(u^2+1)\frac{d^{r+2}}{du^{r+2}} + (2r+1)u\frac{d^{r+1}}{du^{r+1}} + (r^2-\nu^2)\frac{d^r}{du^r}\right\}f = 0 \quad (r=0,1,\cdots).$$

ここで $u = 0$ とおけば, $f(u)$ の Taylor 展開の係数

$$a_r = \frac{1}{r!}\frac{\mathrm{d}^r f}{\mathrm{d} u^r}\bigg|_{u=0}$$

に対して漸化式

$$a_{r+2} = \frac{\nu^2 - r^2}{(r+2)(r+1)} a_r$$

が得られる. $a_0 = 1$, $a_1 = \nu$ なので

$$a_0 = 1, \quad a_2 = \frac{\nu^2}{2!}, \quad a_4 = \frac{\nu^2(\nu^2 - 2^2)}{4!}, \quad \cdots,$$

$$a_1 = \nu, \quad a_3 = \frac{\nu(\nu^2 - 1^2)}{3!}, \quad a_5 = \frac{\nu(\nu^2 - 1^2)(\nu^2 - 3^2)}{5!}, \quad \cdots.$$

(3) 遠方での大きさ τ が正で大きいとき

$$\mathrm{e}^t \sim 2\mathrm{i}\tau, \qquad \frac{\mathrm{d}t}{\mathrm{d}\tau} = \frac{\mathrm{i}}{\sinh t} \sim \frac{1}{\tau}$$

であるから

$$\cosh \nu t \frac{\mathrm{d}t}{\mathrm{d}\tau} \sim \frac{1}{2\tau}(2\mathrm{i}\tau)^\nu \qquad (\tau \to \infty)$$

となる. したがって, 十分に大きい τ と K をとれば,

$$\left|\cosh \nu t \frac{\mathrm{d}t}{\mathrm{d}\tau}\right| < K\mathrm{e}^\tau. \tag{3.26}$$

こうして, Watson の補題の条件はすべて成り立っていることがわかった. したがって, 補題から $|\zeta| \to \infty$, $|\arg \zeta| < \pi/2$ に対して

$$H_\nu^{(1)}(\zeta) \sim \left(\frac{2}{\pi\zeta}\right)^{1/2} \mathrm{e}^{\mathrm{i}(\zeta - \frac{1}{2}\nu\pi - \frac{1}{4}\pi)} \left[1 + \sum_{r=1}^{\infty} \frac{\left(\frac{1}{2} - \nu\right)_r \left(\frac{1}{2} + \nu\right)_r}{r!(2\mathrm{i}\zeta)^r}\right]$$

$$\tag{3.27}$$

が得られる.

§3.4 峠道をはずれた積分

積分範囲が有限な端点をもつ場合には峠道がその端点を通らないこともおこる．いま，complementary error function と (2.3) の関係にある積分 (2.2) で，ζ の偏角 χ は与えられたものとして

$$\Phi_c(\zeta) = \frac{1}{\sqrt{2\pi}} \int_\zeta^\infty e^{-z^2/2}\, dz \qquad (\arg\zeta = \chi,\ |\zeta| \to \infty) \qquad (3.28)$$

を考えてみよう．峠道は z 平面の実軸であって，積分範囲の下端 $|\zeta|e^{i\chi}$ は——$\chi = (\pi \text{ の整数倍})$ でないかぎり——それにのっていない (図 3.3)．そこで，峠道ではないが，ζ をとおる最急勾配の線

$$\operatorname{Im} z^2 = 2xy = |\zeta|^2 \sin 2\chi \qquad (z := x + iy) \qquad (3.29)$$

に沿って積分することを試みる．この積分路 Γ は $\chi = \pm\pi/2$ でなければ双曲線

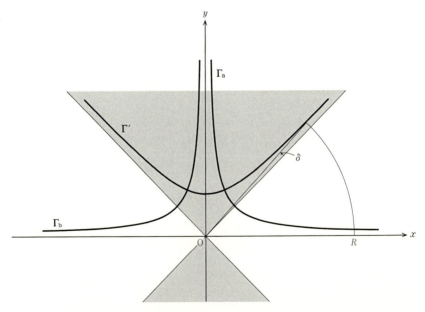

図 **3.3** 峠道をはずれた積分路．(a) $|\chi| < \pi/2$ の場合：Γ_a．(b) $\pi/2 < \chi < 3\pi/2$ の場合：Γ_b．(c) $\chi = \pm\pi/2$ の場合：Γ'．峠道は実軸，積分路上に鞍点はない．

である．その上の点 $z=x+\mathrm{i}y$ は $x\to\infty$ で $y=(2x)^{-1}\sin 2\chi \to 0$ となり，積分 (3.28) の上端 $x\to\infty$, $y=0$ は Γ にのっているとみてよい．

（a） $|\chi|<\pi/2$ の場合

積分路 (3.29) は，$z=\zeta$ から始まるので
$$\Gamma_\mathrm{a}: \quad z^2=\zeta^2+2\tau \quad (\tau\text{ は }0\text{ から }\infty\text{ にいたる})$$
と書ける．これは峠道ではないが，τ が増すとき $\mathrm{e}^{-z^2/2}$ は単調に減少し，(3.28) は

$$\Phi_\mathrm{c}(\zeta) = \frac{1}{\sqrt{2\pi}}\mathrm{e}^{-\zeta^2/2}\int_0^\infty \frac{1}{(\zeta^2+2\tau)^{1/2}}\mathrm{e}^{-\tau}\,\mathrm{d}\tau$$

となる．この積分に Watson の補題が適用できることを確かめ，あるいは直接に部分積分をくりかえすことにより

$$\Phi_\mathrm{c}(\zeta) \sim \frac{1}{\sqrt{2\pi}}\mathrm{e}^{-\zeta^2/2}\sum_{n=0}^\infty (-1)^n \frac{(2n-1)!!}{\zeta^{2n+1}} \qquad \left(|\arg\zeta|<\frac{\pi}{2}\right) \quad (3.30)$$

が得られる．これは (2.4) と同じ形である．念のために，和を第 n 項で止めたときの剰余を書けば

$$R_n = \frac{(-1)^{n+1}(2n+1)!!}{\sqrt{2\pi}}\mathrm{e}^{-\zeta^2/2}\int_0^\infty \frac{1}{(\zeta^2+2\tau)^{(2n+3)/2}}\mathrm{e}^{-\tau}\,\mathrm{d}\tau$$

となって，明らかに第 n 項より小さい．

（b） $\pi/2<\chi<3\pi/2$ の場合

定義 (3.28) から，積分の変数変換により
$$\Phi_\mathrm{c}(-\zeta)+\Phi_\mathrm{c}(\zeta)=1 \tag{3.31}$$
が得られるので，(3.30) から

$$\Phi_\mathrm{c}(\zeta) \sim 1 + \frac{1}{\sqrt{2\pi}}\mathrm{e}^{-\zeta^2/2}\sum_{n=0}^\infty (-1)^n \frac{(2n-1)!!}{\zeta^{2n+1}} \qquad \left(\frac{\pi}{2}<\arg\zeta<\frac{3\pi}{2}\right) \quad (3.32)$$

を得る．(3.30) と違って 1 が現れたのは §2.1(b) でも触れた Stokes の現象である．

(c) $\chi = \pm\pi/2$ の場合

積分路(3.29)は虚軸上の $z=\zeta\,(:=\pm\mathrm{i}\eta)$ から原点 $z=0$ に行き,そこから $z\to\infty$ にいたる L 字型となり,(2.7)の形の積分を与えるが,その漸近評価は,これまでに述べてきた方法では難しい.

これは,(3.28)に戻って,等高線
$$\Gamma': \ \mathrm{Re}\,z^2 = x^2 - y^2 = -\eta^2 \tag{3.33}$$
に沿って積分するのがよい.これは双曲線であって,遠方 $z\to\infty$ でも $|\mathrm{e}^{-z^2/2}|=\mathrm{e}^{\eta^2/2}$ を $\to 0$ にしないから,本来は実軸に沿って $z\to\infty$ に行く積分路をそこまで回すことはできない,と思われるかもしれない.しかし,実軸と Γ' を結ぶ半径 R の円弧 C に沿う積分は

$$\left|\int_{\mathrm{C}} \mathrm{e}^{-z^2/2}\,\mathrm{d}z\right| < \int_0^{\pi/4+\delta} \mathrm{e}^{-(R^2/2)\cos 2\phi} R\,\mathrm{d}\phi$$
$$< \int_0^{\pi/4} \mathrm{e}^{-(2R^2/\pi)(\pi/4-\phi)} R\,\mathrm{d}\phi + \int_0^{\delta} \mathrm{e}^{R^2\phi} R\,\mathrm{d}\phi$$

から知れるように $R\to\infty$ で消えるので,心配はいらない.ここに,δ は

$$R^2 \cos\left(\frac{\pi}{2}+2\delta\right) = -\eta^2 \quad \text{から} \quad \delta = \frac{\eta^2}{2R^2}$$

とし,次の不等式を用いた:

$$\cos 2\phi \geqq 1 - \frac{4}{\pi}\phi \quad (0 \leqq \phi \leqq \frac{\pi}{4}),$$
$$-\cos 2\phi \leqq 2\left(\phi - \frac{\pi}{4}\right) \quad \left(\frac{\pi}{4} \leqq \phi \leqq \frac{\pi}{4}+\delta\right).$$

そこで,まず $\chi=\pi/2$ の場合をとり,積分路を
$$\Gamma': \ z^2 = -\eta^2 + 2\mathrm{i}\tau \quad (\tau \text{ は } 0 \text{ から } \infty \text{ にいたる}) \tag{3.34}$$
と書けば,(3.28)は

$$\Phi_\mathrm{c}(\mathrm{i}\eta) = \frac{\mathrm{i}}{\sqrt{2\pi}} \mathrm{e}^{\eta^2/2} \int_0^\infty \frac{1}{(-\eta^2+2\mathrm{i}\tau)^{1/2}} \mathrm{e}^{-\mathrm{i}\tau}\,\mathrm{d}\tau$$

の形になり,これは部分積分によって漸近評価できる:

$$\Phi_c(i\eta) \sim \frac{1}{\sqrt{2\pi}} e^{\eta^2/2} \sum_{n=0}^{\infty} \frac{(2n-1)!!}{i\eta^{2n+1}} \qquad (\eta \to \infty).$$

$\chi = -\pi/2$ の $\Phi_c(-i\eta)$ は (3.31) により

$$\Phi_c(-i\eta) = 1 - \Phi_c(i\eta)$$

として上の結果から求められるが，$\eta \to \infty$ でこの 1 は無視できる．よって，$\Phi_c(\pm i\eta)$ は同じ形であり，もとの変数 ζ に戻せば

$$\Phi_c(\zeta) \sim \frac{1}{\sqrt{2\pi}} e^{-\zeta^2/2} \sum_{n=0}^{\infty} (-1)^n \frac{(2n-1)!!}{\zeta^{2n+1}} \qquad \left(\arg \zeta = \pm \frac{\pi}{2}\right) \quad (3.35)$$

となって，(3.30) とも以前の (2.5) とも同じ形である．こうして，累積 Gauss 分布 $\Phi_c(\zeta)$ の漸近形を分ける Stokes 線は ζ 平面の虚軸であることがわかった．

§3.5 確率論における大偏差原理

X の確率密度を $p(x)$ とする．その特性関数は

$$\varphi(k) := \int_{-\infty}^{\infty} e^{ikx} p(x) \mathrm{d}x \qquad (3.36)$$

と定義される．$\varphi(0) = 1$ である．大偏差原理との比較のため，まず中心極限定理からはじめる．

（a） 中心極限定理

ここでは，x の原点をずらして X の平均を $\mu = 0$ とする．分散を σ とすれば

$$\log \varphi(k) = -\frac{1}{2}\sigma^2 k^2 + O(k^3) \qquad (3.37)$$

となる．

同じ確率密度 $p(x)$ をもつ，互いに独立な $X_1, \cdots, X_n$ に対し，

$$m_n = \frac{X_1 + \cdots + X_n}{\sqrt{n}} \qquad (3.38)$$

の確率密度 $p_n(x)$ の $n \to \infty$ の漸近形がもとめたい．その特性関数は，(3.36) を用いて $\varphi(k/\sqrt{n})^n$ となるから

$$p_n(x) = \frac{1}{2\pi} \int_{-\infty}^{\infty} \mathrm{e}^{-\mathrm{i}kx} \varphi\left(\frac{k}{\sqrt{n}}\right)^n \mathrm{d}k$$

$$= \frac{\sqrt{n}}{2\pi} \int_{-\infty}^{\infty} \exp\left[n\left\{-\mathrm{i}\frac{kx}{\sqrt{n}} + \log\varphi(k)\right\}\right] \mathrm{d}k$$

となる．(3.37)により

$$p_n(x) = \frac{\sqrt{n}}{2\pi} \int_{-\infty}^{\infty} \exp\left[n\left\{-\mathrm{i}\frac{kx}{\sqrt{n}} - \frac{1}{2}\sigma^2 k^2 + O(k^3)\right\}\right] \mathrm{d}k.$$

被積分関数の $\{\cdots\}$ を $w(k)$ とおけば，鞍点 k_0 は

$$\frac{\mathrm{d}}{\mathrm{d}k}w(k) = -\mathrm{i}\frac{x}{\sqrt{n}} - \sigma^2 k + O(k^2) = 0 \quad \text{より} \quad k_0 = -\mathrm{i}\frac{x}{\sigma^2 \sqrt{n}} + O\left(\frac{1}{n}\right)$$

となるから，$nw(k_0) = -x^2/(2\sigma^2) + O(1/n)$ であって

$$p_n(x) \sim \sqrt{\frac{1}{2\pi\sigma^2}} \exp\left[-\frac{x^2}{2\sigma^2}\right] \quad (n \to \infty) \tag{3.39}$$

が得られる．これが中心極限定理(central limit theorem)である．

(b) 大偏差原理

同じ確率密度 $p(x)$ をもつ，互いに独立な確率変数 $X_1, \cdots, X_n$ に対し

$$M_n = \frac{X_1 + \cdots + X_n}{n} \tag{3.40}$$

の確率密度 $P_n(x)$ を考える．その特性関数は(3.36)を用いて $[\varphi(k/n)]^n$ となるから

$$P_n(x) = \frac{1}{2\pi} \int_{-\infty}^{\infty} \mathrm{e}^{-\mathrm{i}kx} \left[\varphi\left(\frac{k}{n}\right)\right]^n \mathrm{d}k = \frac{n}{2\pi} \int_{-\infty}^{\infty} \exp[n\{-\mathrm{i}kx + \log\varphi(k)\}] \mathrm{d}k.$$

指数関数の解析性を利用し，上の積分路を $-\mathrm{i}\lambda$ だけずらす：

$$P_n(x) = \frac{n}{2\pi} \int_{-\infty}^{\infty} \exp[n\{-\mathrm{i}(k-\mathrm{i}\lambda)x + \log\varphi(k-\mathrm{i}\lambda)\}] \mathrm{d}k. \tag{3.41}$$

ただし，λ は $\mathrm{e}^{\lambda x} p(x) \in \mathsf{L}_1$ となる範囲に限る．ここで

$$p_\lambda(x) := \mathrm{e}^{-\theta(\lambda)} \mathrm{e}^{\lambda x} p(x) \tag{3.42}$$

はまた確率密度であることに注意しよう．ここに

§3.5 確率論における大偏差原理

$$\theta(\lambda) := \log \int_{-\infty}^{\infty} e^{\lambda x} p(x) dx = \log \varphi(-i\lambda)$$

は規格化因子 $e^{-\theta(\lambda)}$ を与える．$p_\lambda(x)$ の特性関数は

$$\varphi_\lambda(k) = e^{-\theta(\lambda)} \int_{-\infty}^{\infty} e^{i(k-i\lambda)x} p(x) dx = e^{-\theta(\lambda)} \varphi(k-i\lambda) \quad (3.43)$$

となり，(3.41)に現れる．そこで

$$\theta^*(x, \lambda) = \lambda x - \theta(\lambda) \quad (3.44)$$

とおけば，(3.41) は

$$P_n(x) = \frac{n}{2\pi} e^{-n\theta^*(x,\lambda)} \int_{-\infty}^{\infty} \exp[n\{-ikx + \log\varphi_\lambda(k)\}] dk. \quad (3.45)$$

いま，鞍点法を用いて積分を評価するため(3.45)の $\{\cdots\}$ を $w(k)$ とおく．$\varphi_\lambda(k)$ を (3.43) により $\varphi(k-i\lambda)$ に書きかえて

$$\frac{d}{dk} w(k) = w'(k) = -ix + \frac{d}{dk}[\log\varphi(k-i\lambda) - \theta(\lambda)] = -ix + \frac{d}{dk}\log\varphi(k-i\lambda)$$

$$= -ix + \frac{d}{d(-i\lambda)} \log\varphi(k-i\lambda) \quad (3.46)$$

を得るが，再び (3.43) により

$$w'(k) = -ix + i\frac{d}{d\lambda}[\theta(\lambda) + \log\varphi_\lambda(k)].$$

ところが，$\varphi_\lambda(0) = 1$ は λ によらず成り立つので

$$w'(0) = -ix + i\frac{d}{d\lambda}\theta(\lambda). \quad (3.47)$$

Legendre 変換 与えられた x に対して

$$\theta'(\lambda) = x$$

となる λ を $\lambda(x)$ とし，(3.44) にしたがい

$$\theta^*(x) = \theta(x, \lambda(x)) = \lambda(x) x - \theta(\lambda(x))$$

を定義する．$(x, \theta^*(x))$ を $(\lambda, \theta(\lambda))$ の **Legendre** 変換という[*1]．この $\lambda = \lambda(x)$ を (3.47) に用いれば

$$w'(0) = 0.$$

(3.46) に戻って

$$w''(k) = \frac{\varphi_\lambda''(k)}{\varphi_\lambda(k)} - \left(\frac{\varphi_\lambda'(k)}{\varphi_\lambda(k)}\right)^2$$

は符号を変えると $k=0$ のとき確率密度 (3.42) の分散 σ_λ^2 になるから $\lambda = \lambda(x)$ を用い

$$w''(0) = -\sigma_\lambda^2$$

の $\sigma_{\lambda(x)}$ を $\sigma(x)$ と定義する．こうして，鞍点法のための準備が整った：

$$w(k) = -\frac{\sigma(x)^2}{2}k^2 + O(k^3). \tag{3.48}$$

これを (3.45) に用いて，積分変数を $q = \sqrt{n}k$ に変えれば

$$P_n(x) = \frac{\sqrt{n}}{2\pi} e^{-n\theta^*(x)} \int_{-\infty}^{\infty} \exp\left[-\frac{\sigma(x)^2}{2}q^2 + O\left(\frac{q^3}{\sqrt{n}}\right)\right] dq$$

$$= \sqrt{\frac{n}{2\pi\sigma(x)^2}} \exp[-n\theta^*(x)] \quad (n \to \infty) \tag{3.49}$$

が得られる．これが**大偏差原理**(large deviation principle)の公式の一つである．

大偏差原理は漸近分布のテイルに注目する．中心極限定理では $p(x)$ が何であっても漸近分布はガウス型 (3.39) であるが，大偏差原理の式 (3.49) によると $P_n(x)$ が $|x| \to \infty$ でガウス型ほど急激に減らないことが見える場合がある．

例 3.2 指数分布 $p(x) = (\alpha/2)e^{-\alpha|x|}$ を考える．その特性関数は $\varphi(k) = \alpha^2/(\alpha^2 + k^2)$ $(\lambda < \alpha)$ である．(3.49) を計算しよう．

$\theta(\lambda) = \log[\alpha^2/(\alpha^2 - \lambda^2)]$ なので $\theta'(\lambda) = x$ から，2 根のうち正のものをとっ

[*1] 力学との関係．ラグランジアンが $L(\dot{q})$ の場合，(3.48) に対応して $dL(\dot{q})/d\dot{q} = p$ とすれば (3.49) はハミルトニアン $\mathcal{H} = \dot{q}p - L(\dot{q})$ である．これは $(\dot{q}, L)$ から $(p, \mathcal{H})$ への Legendre 変換である．

て

$$\lambda(x) = \frac{1}{x}(\sqrt{1+\alpha^2 x^2} - 1).$$

これを $w''(0) = -2(\alpha^2+\lambda^2)/(\alpha^2-\lambda^2)^2$ に代入して $-\sigma(x)^2$ を得る. (3.49) は

$$P_n(x) \sim \sqrt{\frac{n(\sqrt{1+\alpha^2 x^2}-1)}{2\pi x^2 \sqrt{1+\alpha^2 x^2}}} \left(\frac{\alpha^2 x^2}{2(\sqrt{1+\alpha^2 x^2}-1)}\right)^n e^{-n(\sqrt{1+\alpha^2 x^2}-1)} \quad (3.50)$$

となる. わかりやすいように極端な場合を見ると

$$P_n(x) \sim \begin{cases} \sqrt{\dfrac{n\alpha^2}{4\pi}} e^{-n\alpha^2 x^2/4} & (\alpha|x| \ll 1) \\ \sqrt{\dfrac{n}{\pi x^2}} \left(\dfrac{\alpha|x|}{2}\right)^n e^{-n\alpha|x|} & (\alpha|x| \gg 1). \end{cases}$$

確かに $x^{n-1} \times$ (指数関数型) のテイルが見える. □

大偏差原理の応用については文献[*2] を参照.

§3.6 量子力学的運動の古典極限

量子力学は巨視的な運動に適用すれば古典力学に回帰する(N. Bohr の対応原理)といわれる. その有様を, 一つの例で見よう. これは漸近解析の問題である. 微視的と巨視的のスケールのちがいは, すぐ後に見るとおり莫大なのだから！

(a) 波動関数と視野を拡げる変換

量子力学では, 粒子の運動は波動関数で記述される. それは実際, 多くの物理的情報を担っている. その一つは波動関数が $\psi(x,t)$ である運動について粒子の位置を時刻 t に観測したとき $(x, x+\Delta x)$ に見いだす確率を $|\psi(x,t)|^2 \Delta x$ として与えることで, そのためにあらかじめ初期時刻 t_0 に

[*2] 『数理科学』, 1995 年 2 月号, '大偏差原理とその応用' 特集.
Varadahan, S. R. S., Large deviations and applications, CBMS-NSF Regional Conf. Series, **46** (1984), SIAM, Philadelphia.

$$\int_{-\infty}^{\infty}|\psi(x,t_0)|^2\,\mathrm{d}x = 1 \tag{3.51}$$

としておかなければならない(波動関数の規格化).一度こうしておくと,この積分は,時間がたって t_0 が t に変っても 1 のままでいるのである.それは,波動関数のしたがう法則である Schrödinger の方程式

$$\mathrm{i}\hbar\frac{\partial}{\partial t}\psi(x,t) = \left\{-\frac{\hbar^2}{2\mu}\frac{\mathrm{d}^2}{\mathrm{d}x^2}+V(x)\right\}\psi(x,t) \tag{3.52}$$

が保証する.ここに,$V(x)$ は粒子が運動する場の各点 x で粒子がもつ位置のエネルギーを与えるもので,実数値関数である.

$\hbar$ は Planck の名でよばれる定数を 2π で割ったもの;およそ 10^{-34} J·s という値をもつ.これは,おそろしく小さい.このことが,量子力学的な特徴をあらわにする運動のスケールを人間の日常世界から隔絶させる.実際,人間にとって 1 s (秒)がすでに長い時間ではないが,たとえば 1 リットル(1 kg)の水を 1 m (メートル)持ち上げるのに必要なエネルギーは約 10 J (ジュール)である.これらを日常のスケールとすれば,(エネルギー)×(時間)は 10×1 J·s となる.なんと $\hbar$ の 10^{35} 倍!

さて,量子力学が,巨視的な運動に適用したとき,古典力学に回帰することを見るために,変位に比例する復元力(比例定数 $k>0$)を受けて x-軸上を振動する粒子(質量 μ)を例として取りあげよう.この粒子は調和振動子(harmonic oscillator)とよばれる.その位置のエネルギーの関数は $V(x)=kx^2/2$ である.

いま,特にエネルギー一定の(定常状態の)運動を考える.量子力学によれば,それは波動関数が

$$\psi(x,t) = u(x)\mathrm{e}^{-\mathrm{i}Et/\hbar} \tag{3.53}$$

という形をしている運動である.$u(x)$ は,(3.52)からくる方程式

$$\left\{-\frac{\hbar^2}{2\mu}\frac{\mathrm{d}^2}{\mathrm{d}x^2}+\frac{k}{2}x^2\right\}u(x) = Eu(x) \tag{3.54}$$

と(3.51)からくる境界条件

$$u(x) \to 0 \quad (x \to \pm\infty) \tag{3.55}$$

をみたさねばならない.これは固有値問題をなす.

(3.54), (3.55)の解は可算無限個ある.添字 $n=0,1,2,\cdots$ で番号づければ:

§3.6 量子力学的運動の古典極限

$$u_n(x) = \left(\frac{\alpha}{\sqrt{\pi}2^n n!}\right)^{1/2} H_n(\alpha x) e^{-\alpha^2 x^2/2}, \quad E_n = \left(n + \frac{1}{2}\right)\hbar\omega. \tag{3.56}$$

ここに

$$\omega = \sqrt{\frac{k}{\mu}}, \quad \alpha = \left(\frac{\mu k}{\hbar^2}\right)^{1/4}.$$

また，H_n は Hermite 多項式とよばれ，母関数

$$e^{2t\zeta - t^2} = \sum_{m=0}^{\infty} \frac{t^m}{m!} H_m(\zeta) \tag{3.57}$$

によって定義される．これを用いれば，(3.56)が上の諸条件をみたすことは容易に確かめられる．(3.56)以外に $(x$ の多項式$) \times e^{-\alpha^2 x^2/2}$ の形の解がないことは，x のどんな多項式も Hermite 多項式の線形結合で書けることから納得されよう．(多項式)$\times e^{-\alpha^2 x^2/2}$ の形以外の解もないことを見るには多項式による近似を考える[*3]．

振動子の巨視的な運動は大きなエネルギーをもつ．エネルギーが E_n の古典的な振動子の振幅 A_n は，その E_n が位置エネルギー $kx^2/2$ にとられて運動エネルギーがゼロになる x として求められ

$$\frac{1}{2}kA_n^2 = E_n \quad \text{から} \quad A_n = \frac{1}{\alpha}\sqrt{2n+1} \tag{3.58}$$

となる．量子力学的にも振動子のエネルギーが大きくなれば何らかの意味で振れ幅が大きくなると予想されるから，x を，古典的振幅 A_n を単位にとって

$$x = A_n \xi = \frac{\sqrt{2n+1}}{\alpha}\xi$$

と表わすことにしよう．こうしておけば，$n \to \infty$ の高エネルギー振動を考えても有限の ξ ですむだろう．きっと，x-軸上の大きな，$n \to \infty$ とともに大きくなってやまない範囲を一望のもとに収めるメガネになるだろう．

[*3] 加藤敏夫『位相解析──理論と応用への入門』(共立出版，1988)，p.146 を参照．

（b）　Hermite 多項式の漸近形

母関数 (3.57) から H_n を引きだすには，基本的には $1/t^{n+1}$ をかけて複素 t 平面の原点を囲む積分路で一回り積分すればよい：

$$H_n(\sqrt{2n+1}\,\xi) = \frac{n!}{2\pi \mathrm{i}} \oint \mathrm{e}^{2\sqrt{2n+1}\xi t - t^2} \frac{1}{t^{n+1}} \mathrm{d}t. \qquad (3.59)$$

この積分は，積分変数を $t = \sqrt{2n+1}\,z$ で z に変えれば

$$H_n(\sqrt{2n+1}\,\xi) = \frac{1}{2\pi \mathrm{i}} \frac{n!}{(2n+1)^{n/2}} \oint \mathrm{e}^{Nw(z)} \mathrm{e}^{-\frac{1}{2}\log z} \mathrm{d}z \qquad (3.60)$$

という，$N \to \infty$ で峠道の方法を適用するのに適した形になる．ここに

$$w(z) := -z^2 + 2z\xi - \frac{1}{2}\log z, \qquad N := 2n+1. \qquad (3.61)$$

積分路は相変わらず原点をまわる円であるが，これを虚軸の右側の半円，偏角 $3\pi/4, -3\pi/4$ の方向に延びる 2 本の線分とそれらの端をつなぐ半径 $R \to \infty$ の四分円からなる路 (あるいは，虚軸に関するその鏡像) に変えておくことができる ($\log z$ の多価性は (3.60) の被積分関数では相殺する)．鞍点は

$$\frac{\mathrm{d}w}{\mathrm{d}z} = -2z + 2\xi - \frac{1}{2z} = 0$$

から

$$z_\pm = \frac{1}{2}[\xi \pm (\xi^2 - 1)^{1/2}] \qquad (3.62)$$

のように二つ求まる．$(\xi^2-1)^{1/2}$ がでてきたのは，よい印である．振動子は，古典的には $|\xi| < 1$ の範囲のみを動き，$\xi = \pm 1$ で運動の向きを変えるが (転回点, turning point)，量子力学的にも，その前後で波動関数が挙動を変えるからである．実際，(3.54), (3.58) から

$$\left.\begin{array}{l} |x| < A_n \\ |x| > A_n \end{array}\right\} \text{ では } \frac{1}{u}\frac{\mathrm{d}^2 u}{\mathrm{d}x^2} \text{ は } \left\{\begin{array}{l} \text{負} \\ \text{正} \end{array}\right\} \text{で } u(x) \text{ は } x\text{-軸から見て } \left\{\begin{array}{l} \text{凹} \\ \text{凸} \end{array}\right.$$

以後は，二つの転回点にはさまれた領域の内と外を分けて考える．

外部領域

$\xi > 1$ としよう. $H_n(\sqrt{2n+1}\xi)$ は, 定義(3.57)から n の偶奇により偶関数, 奇関数となるから, $\xi < -1$ は改めて考える必要がない. 二つの鞍点

$$z_\pm = \frac{1}{2}(\xi \pm \sqrt{\xi^2-1}) \tag{3.63}$$

における

$$\left.\frac{\mathrm{d}^2 w}{\mathrm{d}z^2}\right|_{z_\pm} = -2 + \frac{1}{2z_\pm^2} = \mp 4\sqrt{\xi^2-1}(\xi \mp \sqrt{\xi^2-1})$$

を, それぞれ $\gamma_\pm$ とおこう. z_- 付近では

$$w(z) = w(z_-) + \frac{1}{2}\gamma_-(z-z_-)^2 + \cdots \tag{3.64}$$

となっている. $\gamma_- > 0$ だから鞍点 z_- からは虚軸に平行に両側に谷に下る道が延び, 実軸に沿って両側に山がそびえる. 鞍点 z_+ では谷と山の方向が入れかわる. そこで, 原点をまわる元の積分路を, 鞍点 z_- を虚軸に平行に上向きに過ぎる路 C に変えよう(図 3.4(a)の太線). z_- 付近からの積分への寄与は, $z-z_- := \mathrm{i}X$ とおいて(X は実変数)

$$H_n(\sqrt{2n+1}\xi) \sim \frac{1}{2\pi\mathrm{i}}\frac{n!}{(2n+1)^{n/2}}\mathrm{e}^{Nw(z_-) - \frac{1}{2}\log z_-}\int \mathrm{e}^{-N\gamma_- X^2/2}\,\mathrm{i}\,\mathrm{d}X \tag{3.65}$$

となる. 鞍点法の近似で, 積分を $(-\infty, \infty)$ にひろげて行ない

$$\mathrm{e}^{-\frac{1}{2}\log z_-}\int_{-\infty}^{\infty} \mathrm{e}^{-N\gamma_- X^2/2}\,\mathrm{d}X = \sqrt{\frac{\pi}{2n+1}}\frac{1}{(\xi^2-1)^{1/4}}$$

となることに注意しよう. 他方

$$w(z_-) = \frac{1}{2}\left\{\xi^2 - \xi\sqrt{\xi^2-1} - \log\left[\xi - \sqrt{\xi^2-1}\right] + \log 2\right\} + \frac{1}{4}$$

は, 簡明な形

$$w(z_-) = \frac{1}{2}\xi^2 - \int_1^\xi \sqrt{\eta^2-1}\,\mathrm{d}\eta + \frac{1}{2}\log 2 + \frac{1}{4}$$

に書ける. こうして, $\xi > 1$ に対する $n \to \infty$ の漸近形

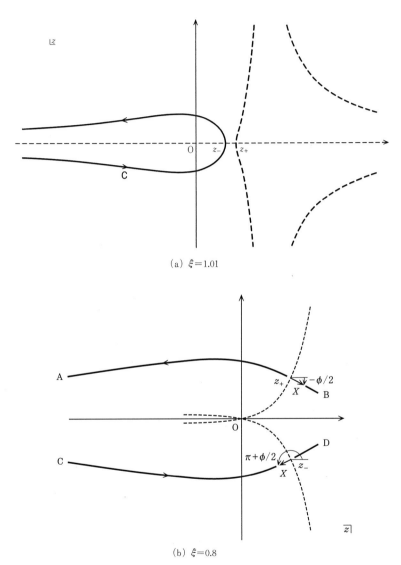

図 3.4 鞍点 $z_\pm$ をとおり $\operatorname{Im} w(z) = \operatorname{Im} w(z_\pm)$ となる z の軌跡.そのうち実線が峠道.(a) は $\xi > 1$,(b) は $\xi < 1$ の場合.それぞれ $\xi = 1.01, 0.8$ として描いた.破線に沿って進むと,(a) では z_+,(b) では $z_\pm$ から離れるにつれ $\operatorname{Re} w(z)$ は増大する.

§3.6 量子力学的運動の古典極限

$$H_n(\sqrt{2n+1}\xi) \sim$$

$$\left(\frac{2^{n-3/2}n!}{\sqrt{n\pi}}\right)^{1/2} \frac{1}{(\xi^2-1)^{1/4}} \exp\left[(2n+1)\left\{\frac{1}{2}\xi^2 - \int_1^\xi \sqrt{\eta^2-1}\,d\eta\right\}\right] \tag{3.66}$$

が得られた．ここで

$$\left(n+\frac{1}{2}\right)^n \sim n^n e^{1/2}, \quad n! \sim \sqrt{2\pi n}\, n^n e^{-n} \quad (n\to\infty)$$

を用いた．後者はStirlingの公式である．$e^{-\alpha^2 x^2/2}$などをかけて調和振動子の波動関数になおせば

$$u_n(x) \sim \left(\frac{\alpha}{2\pi\sqrt{2n}}\right)^{1/2} \frac{1}{(\xi^2-1)^{1/4}} \exp\left[-(2n+1)\int_1^\xi \sqrt{\eta^2-1}\,d\eta\right] \tag{3.67}$$

となり，これは転回点から離れると急速に減少する．波動関数が，古典力学の転回点を越えて外部領域まで滲みだすのは量子力学のいわゆるトンネル効果である．それが$n\to\infty$とともに消失することを(3.67)は意味している．古典力学への回帰の一面がすでに現れた．

内部領域

$0\leqq\xi<1$を調べよう．そして(3.62)の+符号の方をまず考える．それは，$z_+ = (i/2)(\sqrt{1-\xi^2}-i\xi)$．あるいは

$$z_+ = \frac{i}{2}e^{-i\phi}, \quad \cos\phi := \sqrt{1-\xi^2}, \quad \sin\phi = \xi \tag{3.68}$$

とも書ける．ξが0から1まで動くときϕが0から$\pi/2$まで変わるようにしたのである．このとき

$$\left.\frac{d^2 w}{dz^2}\right|_{z_+} = -2 + \frac{1}{2z_+^2} = -4e^{i\phi}\cos\phi$$

となるから，鞍点の近くでは

$$w(z) = w(z_+) - 2e^{i\phi}\cos\phi \cdot (z-z_+)^2 + \cdots. \tag{3.69}$$

したがって，図3.4(b)では鞍点z_+付近の$z-z_0 = e^{-\phi/2}X$ ($X>0$は実) の延長

である実線 AB が峠道となり，その両端で $e^{Nw(z)} \to 0$ となる．X が増すと z は本来の積分路の向きを逆にたどるから，積分 (3.60) への鞍点 z_+ 付近からの寄与 $H_n(\sqrt{2n+1}\xi)$ は

$$H_n^{(+)} := -\frac{1}{2\pi i}\frac{n!}{(2n+1)^{n/2}}e^{Nw(z_+)-\frac{1}{2}\log z_+}\int e^{-2N\sqrt{1-\xi^2}X^2}e^{-i\phi/2}\,dX \tag{3.70}$$

となる．ここで

$$e^{-\frac{1}{2}\log z_+}e^{-i\phi/2} = \sqrt{2}e^{-i\pi/4}$$

に注意する．鞍点法の近似で積分範囲を $(-\infty,\infty)$ に広げれば

$$H_n^{(+)} = -\frac{1}{2\pi i}\frac{n!}{(2n+1)^{n/2}}e^{Nw(z_+)-i\pi/4}\sqrt{\frac{\pi}{N(1-\xi^2)^{1/2}}} \tag{3.71}$$

が得られる．ところが

$$w(z_+) = \frac{1}{2}\xi^2 + \frac{i}{2}\left(\xi\sqrt{1-\xi^2}+\phi\right) + \frac{1}{4} + \frac{1}{2}\log 2 - i\frac{\pi}{4}$$

であるから

$$H_n^{(+)}(\sqrt{2n+1}\xi) \sim$$

$$\left(\frac{2^{n-3/2}n!}{\sqrt{n\pi}}\right)^{1/2}\frac{e^{(n+1/2)\xi^2}}{(1-\xi^2)^{1/4}}e^{(i/2)(2n+1)(\xi\sqrt{1-\xi^2}+\phi)}e^{-in\pi/2}$$

となる．今度も，次の積分を用いて書き直しておこう．$\phi = \sin^{-1}\xi$ である：

$$\int_0^\xi \sqrt{1-\eta^2}\,d\eta = \frac{1}{2}(\xi\sqrt{1-\xi^2}+\phi).$$

鞍点 z_- からの寄与も同様に計算できる．二つの鞍点の寄与を加え，Hermite 多項式の $n \to \infty$ における漸近形を得る：

$$H_n(\sqrt{2n+1}\xi) \sim$$

$$\left(\frac{2^{n+1/2}n!}{\sqrt{n\pi}}\right)^{1/2}\frac{e^{(n+1/2)\xi^2}}{(1-\xi^2)^{1/4}}\cos\left\{(2n+1)\int_0^\xi \sqrt{1-\eta^2}\,d\eta - \frac{n\pi}{2}\right\}. \tag{3.72}$$

これまで $0 < \xi < 1$ としてきたが，この結果は $-1 < \xi < 0$ でも正しい．なぜなら，

§3.6 量子力学的運動の古典極限

$H_n(\alpha x)$ は定義 (3.57) から n の偶奇にしたがって偶関数, 奇関数であり, $u_n(x)$ も同じだからである. $\xi=0$ でも正しいことは, (3.57) から得られる

$$H_{2m}(0) = (-1)^m \frac{(2m)!}{m!}, \qquad H_{2m+1}(0) = 0$$

と Stirling の公式から容易に確かめられる.

境界付近

上にもとめた H_n の漸近形は, 外部領域の (3.66) も内部領域の (3.72) も境界 $\xi=\pm1$ で発散する. これは鞍点法の近似が悪いせいである. 実際, (3.65), (3.70) も $\mathrm{e}^{-N\gamma X^2}$ の積分という形であり, 境界では $\gamma=0$ となる. せっかく N が大きくても γ が小さくては鞍点も鈍ってしまう. 物理の言葉でいえば, ここは転回点で, $\gamma=0$ は粒子の運動量 $=0$ にほかならず, de Broglie 波長は無限大で古典近似を許さない.

$\xi=1$ には, もう一つ意味がある. (3.62) に見るとおり, そこで二つの鞍点が合体するのである. Hermite 多項式にかぎらず, 一般に鞍点が合体する $\xi=\xi_0$ を含む領域で変数 ξ に関して一様な近似を実現するような漸近形が研究されている[*4].

ここでは, Hermite 多項式の転回点付近の振舞いを調べよう. (3.60) に戻って $\xi = 1+\sigma/2^{1/3}$ とおき, σ は 1 に比べてきわめて小さいとする (どのくらい小さいかは後でわかる). 鞍点は

$$w(z) := -z^2 + 2\left(1+\frac{\sigma}{2^{1/3}}\right)z - \frac{1}{2}\log z \tag{3.73}$$

からきめるのだが, そのおよその位置は $\sigma=0$ とおく近似で

[*4] Langer, R. E., On the asymptotic solutions of ordinary differential equations, with an application to the Bessel functions of large order, Trans. Am. Math. Soc., **33** (1931), 23–64.

Olver, F. W. J., The asymptotic solution of linear differential equation of the second order for large values of a parameter, Phil. Trans. of the Roy. Soc. London, **A 247** (1954), 307–327.

Chester, C., Friedman, B. and Ursell, F., An extension of the method of steepest descents, Proc. Camb. Phil. Soc., **53** (1957), 599–611.

寺沢寛一『自然科学者のための数学概論 応用編』(岩波書店, 1960). 'B 微分方程式の近似解法' の '第 2 章 WKB 法' を見よ. 今井 功の研究など 1955 年までの文献と解説がある.

$$\frac{dw}{dz} \sim -2z+2-\frac{1}{2z} = 0 \quad \text{から} \quad z_0 \sim \frac{1}{2}$$

と知れる．積分路は原点 $z=0$ を反時計まわりに回る円周であるが，鞍点 z_0 を通し，かつ $3\pi < \arg z < 5\pi/2$ で $-\mathrm{Re}\,z^2 < 0$ であることを利用して，この角領域で $\mathrm{Re}\,z < 0$ の側に大きく扇形にひろげておこう．この積分路を Γ とする．

$z=z_0$ の近傍を詳しく見るため，$z=z_0+u/2^{3/2}$ とおけば

$$w(z) = -\frac{1}{3}u^3+u\sigma+w\left(\frac{1}{2}\right), \quad w\left(\frac{1}{2}\right) = -\frac{1}{4}+\left(1+\frac{\sigma}{2^{1/3}}\right)+\frac{1}{2}\log 2.$$

$\xi \neq 1$ の場合に 2 つだった鞍点が接近した結果 $w(z)$ は鞍点の近傍で 3 次式になった．この鞍は，$\exp[\mathrm{Re}\,w(z)]$ を示せば図 3.5 の形で，ときに猿の腰掛け (monkey saddle) とよばれる．そこに $-u^2+\sigma=0$ からきまる 2 つの鞍点がある．積分路 Γ は猿の腰掛けの形から $u_0=-\sigma^{1/2}$ の方の鞍点を通すことにする．峠道は $\mathrm{Im}\,w(z)=\mathrm{Im}\,w(z_0)$ から定まり，鞍点に連なる谷を $\mathrm{Im}\,u_0$ が負の側から登ってきて正の側に下る（図 3.6）．これは，本来は鞍点 $z_0=\frac{1}{2}-\sigma^{1/2}$ の近傍に限っての Γ の変形であるが，$N\to\infty$ で積分への寄与はここに集中する．よって，Γ は無限遠まで図 3.6 のものとしてよく，(3.60) は転回点の近くで

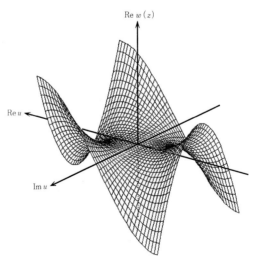

図 **3.5**　3 次の鞍点．猿の腰掛けともいう．

§3.6 量子力学的運動の古典極限

$$H_n(\zeta) = \frac{1}{(2n+1)^{n/2}} e^{Nw(1/2)+(1/2)\log 2} \frac{n!}{2\pi i} \int_\Gamma e^{N(\sigma u - \frac{1}{3} u^3)} \frac{du}{2^{2/3}} \tag{3.74}$$

となる．ここで

$$u' := N^{1/3} u, \qquad \sigma' := N^{2/3} \sigma$$

とおけば，z-平面上の積分路 Γ は u'-平面上では拡大されて図 3.6(b) の Γ' になるが

$$\mathrm{Ai}(\sigma') := \frac{1}{2\pi i} \int_{\Gamma'} e^{\sigma' u' - \frac{1}{3} u'^3} du' \tag{3.75}$$

は **Airy** 関数として知られている (図 3.7)．こうして，$N \to \infty$ のとき σ' を 1 のオーダーの数とみなすべきことになり，$\sigma = N^{-2/3}$ は $N^{-2/3}$ のオーダーの小さい数となる．

他方，

$$Nw\left(\frac{1}{2}\right) = \frac{1}{4} N + \frac{N}{2} \left(1 + \frac{\sigma}{2^{1/3}}\right)^2 - \frac{N}{2} \left(\frac{\sigma}{2^{1/3}}\right)^2 + \frac{N}{2} \log 2$$

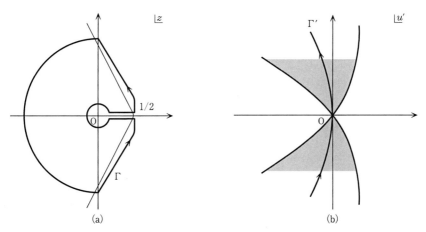

図 **3.6** (a) (3.74)の積分路 Γ．峠道にとる．それは複素 $u = X + iY$ 面において $\mathrm{Im}\, w = \frac{1}{3} Y(Y^2 - 3X^2 + 3\sigma) = \mathrm{Im}\, w(z_0) = 0$ から定まる．図には $-\mathrm{Re}\, w(z) \leqq 0$ の領域を灰色にして示した．その境界は $Y^2 = (X + \sqrt{\sigma})^2 (X - 2\sqrt{\sigma})/(3X)$ で与えられる．(b) (3.75)の積分路 Γ'．

の右辺第2項は $\zeta^2/2$ と同定できて，第3項は $N^{-1/3}\sigma'/2^{5/3}$ だから無視できる．$(2n+1)^{n/2} = 2^{n/2}\mathrm{e}^{1/4}n^{n/2}$ に注意して，積分にかかる因子を集めると

$$\frac{n!}{(2n+1)^{n/2}}\mathrm{e}^{Nw(1/2)+(1/2)\log 2}\frac{1}{2^{2/3}N^{1/2}} = 2^{(2n+1)/4}\pi^{1/4}\frac{\sqrt{n!}}{n^{1/12}}\mathrm{e}^{\zeta^2/2}.$$

こうして，転回点の付近では

$$H_n(\zeta) = 2^{(2n+1)/4}\pi^{1/4}\frac{\sqrt{n!}}{n^{1/12}}\mathrm{e}^{\zeta^2/2}\mathrm{Ai}(\sigma) \quad \left(\zeta = \sqrt{2n+1} + \frac{1}{2^{1/2}n^{1/6}}\sigma\right) \tag{3.76}$$

となることがわかった．σ につけてきた $'$ は省いた．$n \to \infty$ のとき，σ を1のオーダーとすれば転回点の前後 $n^{-1/6}$ のオーダーの距離を見ていることになる．

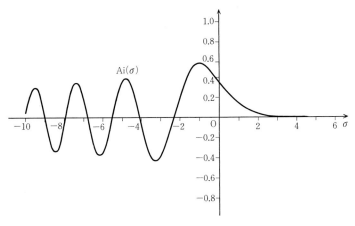

図 **3.7** Airy 関数．$\sigma < 0$ は内部領域に属しグラフは波打っている．$\sigma > 0$ は外部領域で，グラフは関数の単調減少を示す．

(c) 波動関数の古典極限

調和振動子の定常状態における波動関数 (3.56) の $n \to \infty$ の漸近形は，(3.72) から，内部領域 $-1 < \xi < 1$ で

$$u_n(x) \sim \sqrt{\frac{2\alpha}{\sqrt{2n\pi}}}\frac{1}{(1-\xi^2)^{1/4}}\cos\left\{(2n+1)\int_0^\xi \sqrt{1-\eta^2}\,\mathrm{d}\eta - \frac{n\pi}{2}\right\} \quad (n \to \infty) \tag{3.77}$$

§3.6 量子力学的運動の古典極限　　75

となる．ただし，$x=\sqrt{2n+1}\xi/\alpha$ としている．

　これが，規格化条件を漸近的にみたしていることに注意しよう．近似が的外れでなかったことのもう一つの証拠である．実際，規格化積分は，$u_n(x)$ が外部領域で"n が大きいほど急速に 0 になる"ことから，内部領域のみの積分

$$\int_{-A_n}^{A_n} \frac{1}{(1-\xi^2)^{1/2}} \cos^2\left\{(2n+1)\int_0^\xi \cdots\right\} \mathrm{d}x$$

で代用してよい．$\mathrm{d}x=\sqrt{2n+1}\mathrm{d}\xi/\alpha$ である．そして，$\cos^2$ の因子は，n が大きいとき $\sqrt{1-\xi^2}$ に比べて激しく変化するから，平均値 1/2 でおきかえてよい．そうすれば，積分は簡単になって

$$\int_{-A_n}^{A_n} |u_n(x)|^2 \mathrm{d}x \sim \frac{1}{\pi}\int_{-1}^{1} \frac{1}{\sqrt{1-\xi^2}} \mathrm{d}\xi = 1$$

となる．規格化条件は確かに漸近的に満足されている．

　$u_n(x)$ の物理的な意味を見よう．この波動関数の外部領域への滲みだしは，すでに見たように $n\to\infty$ で急速に 0 となり，古典力学への回帰を示す．内部領域では，波動関数は

$$u_n(x) \sim (2n+1)^{1/4}\left(\frac{2}{\sqrt{2n}\pi}\frac{\omega}{v_n(x)}\right)^{1/2} \cos\left\{\frac{1}{\hbar}\int_0^x p_n(x')\,\mathrm{d}x' - \frac{n\pi}{2}\right\} \tag{3.78}$$

と書ける．ここに

$$p_n(x) = \sqrt{2\mu\left(E_n - \frac{1}{2}kx^2\right)} \tag{3.79}$$

は，古典力学にしたがうエネルギー E_n の振動子が位置 x でもつ運動量であり，$v_n(x)=p_n(x)/\mu$ は対応する速さである．

　(3.78)は，$(x, x+\Delta x)$ 内の存在確率 $|u_n(x)|^2\Delta x$ が $\Delta x/v_n(x)$ に比例することを示す．これは Δx 内に粒子が滞在する時間に比例することだと解釈できるから，粒子は古典力学のいう速さ $v_n(x)$ で走っているという描像が成り立つ！

　cos の因子は，de Broglie 波を表わす．実際，$2\pi\hbar/p_n(x)$ が位置 x での de Broglie 波長だから

$$\frac{1}{2\pi\hbar}p_n(x)\,\Delta x$$

は，その付近で距離 Δx を行く間の位相の進みにほかならない．この de Broglie 波は，定常状態を考えたので定在波となったが，異なるエネルギーの定在波を重ね合わせれば進行波もできる．調和振動子の例では，波束が古典力学にしたがって運動することを量子力学の初期に Schrödinger が示し，そこから何を読みとるかについて議論が交わされた[*5]．

最近では，原子の中の電子も高い励起状態では古典力学的な運動をなし得ることが実際に観察されている[*6]．

最後に，転回点付近の波動関数が (3.76) により $n^{1/6}(x-x_0)$ の関数になることも，(3.79) から理解できる．実際，内部から境界に近づく場合なら

$$p_n(x) = C(2n+1)^{1/4}(x_0-x)^{1/2} \quad (C := (k\mu)^{3/8}\hbar^{1/4})$$

となり

$$\int_x^{x_0} p_n(x')\,dx' = \frac{2}{3}C(2n+1)^{1/4}(x_0-x)^{3/2} \quad (3.80)$$

は，n が大きいので $n^{1/6}(x_0-x)$ の関数と見ることができる．境界に外側から近づく場合も同様である．

演習問題

3.1 鞍点法を

$$\Gamma(n+1) := \int_0^\infty x^n e^{-x}\,dx \quad (n \text{ は整数とは限らない})$$

に適用して Stirling の公式

$$\Gamma(n+1) \sim \sqrt{2\pi n}\, n^n e^{-n} \quad (n \to \infty)$$

を確かめよ．被積分関数の n による部分を $x^n = e^{n\log x}$ とした $\log x$ は鞍点をもたないので，$x = nt$ として積分変数を変換しておくとよい．

[*5] Przibram, K., 江沢 洋訳・解説『波動力学形成史——シュレーディンガーの書簡と小伝』(みすず書房, 1982). Schrödinger の解釈に反論する H. A. Lorentz の興味深い書簡を含む．

[*6] Yeazell, J. A., Mallalieu, M., Parker, J. and Stroud, C. R., Phys. Rev. Lett., **40** (1989), 5040.

Yeazell, J. A., Mallalieu, M. and Stroud, C. R., Phys. Rev. Lett., **64** (1990), 2007.

解説：江沢 洋, 「化学と教育」, **41** (1993), 724–730 (日本化学会).

公式の両辺を比較した下表を完成せよ．

	$n=0$	1	2	3	4	5	8	10
左辺		1						3,628,800
右辺	0	0.922	1.919	5.836	23.506	118.019	39,902.4	3,598,700

	$n=10$	20	30	40	50	80	100
$\log$(左辺)	15.104						363.739
$\log$(右辺)	15.096	42.332	74.655	110.319	148.476	273.672	363.739

3.2 Legendre 関数は $z=\cos\theta$ をまわる周回積分

$$P_l(\cos\theta) := \frac{1}{2^{l+1}\pi\mathrm{i}} \oint \frac{(z^2-1)^l}{(z-\cos\theta)^{l+1}}\,\mathrm{d}z \qquad (0 \leqq \theta \leqq \pi)$$

によって得られる．

(i) $P_l(\cos\theta)$ は $\theta=0,\pi$ のとき $1,(-1)^l$ となることを示せ．

(ii) $\varepsilon<\theta<\pi-\varepsilon\,(\varepsilon>0)$ のとき，鞍点法により

$$P_l(\cos\theta) \sim \sqrt{\frac{2}{l\pi\sin\theta}} \sin\left[\left(l+\frac{1}{2}\right)\theta + \frac{\pi}{4}\right] \qquad (l=\text{正整数} \to \infty)$$

を証明せよ．

(iii) $P_l(\cos\theta)$ を量子力学における角運動量の固有関数とみて，この漸近形の物理的な解釈を述べよ．

3.3 変形 Bessel 関数

$$K_\nu(\xi) = \frac{1}{2}\int_0^\infty \mathrm{e}^{\nu x - \xi\cosh x}\,\mathrm{d}x$$

の $\nu\to\infty$ の漸近形を鞍点法によって求めるため，被積分関数を

$$\mathrm{e}^{\nu w(x)}\phi(x), \qquad \text{ただし} \quad w(x)=x, \quad \phi(x)=\mathrm{e}^{-\xi\cosh x}$$

としても，$\mathrm{d}w/\mathrm{d}x=1$ は 0 にならないから鞍点がない．問題 3.1 のガンマ関数の場合にも同じ問題があったが，$x=nt$ により積分変数を t に変えて避けることができた．
いまの場合

$$\frac{\mathrm{d}}{\mathrm{d}x}(\nu x - \xi\cosh x) = \nu - \xi\sinh x = 0$$

から鞍点 x_0 を定めると $x_0 = \sinh^{-1}(\nu/\xi)$．そこで，$x=x_0+t$ とおき

$$K_\nu(\xi) = \frac{1}{2}\mathrm{e}^{\nu x_0}\int_{-\sinh^{-1}(\nu/\xi)}^\infty \mathrm{e}^{\nu(t-\mathrm{e}^t)}\phi_1(t,\nu)\,\mathrm{d}t$$

となることを示せ．ここに

$$\phi_1(t,\nu) = \mathrm{e}^{-\xi\cosh(x_0+t)+\nu \mathrm{e}^t} = \exp\left[-\frac{\xi^2\cosh t}{\nu+\sqrt{\nu^2+\xi^2}}\right]$$

は ν を含むことになったが

$$0 < 1-\phi_1(t,\nu) < \frac{\xi^2\cosh t}{\nu+\sqrt{\nu^2+\xi^2}}$$

が成り立つので，$\nu\to\infty$ での漸近形を求めるには1としてもよい．まず，この近似で鞍点法の計算を完成せよ．$\phi_1(t,\nu)$ を1としなかったら近似は上がるか？

3.4 エネルギー準位 $E_0 < E_1 < \cdots < E_s < \cdots$ に総数 N の Bose 粒子が分布する系の，温度 T における状態和は

$$Z_N(\beta) = \sum_{n_1,n_2,\cdots} z_0{}^{n_0} z_1{}^{n_1}\cdots z_s{}^{n_s}\cdots \quad \left(z_s := \mathrm{e}^{-\beta E_s},\ \beta := \frac{1}{k_\mathrm{B}T}\right)$$

で与えられる．ただし，和は粒子の総数が N という条件 $n_0+n_1+\cdots+n_s+\cdots=N$ をみたす非負の整数のあらゆる組 $\{n_0,n_1,\cdots,n_s,\cdots\}$ にわたる．これを

$$Z_N(\beta) = \frac{1}{2\pi\mathrm{i}}\oint \mathrm{e}^{g(\zeta)}\,\mathrm{d}\zeta \quad \left(\mathrm{e}^{g(\zeta)} := \frac{1}{\zeta^{N+1}}\prod_s\frac{1}{1-\zeta z_s}\right)$$

と書くことができる．いったん粒子総数 $=N$ という条件を忘れて，あらゆる非負の整数にわたる和

$$\widetilde{Z}(\beta;\zeta) := \sum_{n_0=0}^{\infty}\sum_{n_1=0}^{\infty}\cdots\sum_{n_s=0}^{\infty}\cdots(\zeta z_0)^{n_0}(\zeta z_1)^{n_1}\cdots(\zeta z_s)^{n_s}\cdots$$

をとり，そのあとで ζ^N の係数を取り出すのである．

上の積分の被積分関数 $\mathrm{e}^{g(\zeta)}$ は $\zeta\downarrow 0$ および $\zeta\uparrow\mathrm{e}^{\beta E_0}$ で無限大になるから，$g(\zeta)$ もそうで，実軸上 $\zeta=0$, $\mathrm{e}^{\beta E_0}$ の間に鞍点 ζ_0 がある．それは $(\mathrm{d}g/\mathrm{d}\zeta)(\zeta_0)=0$．すなわち

$$N+1 = \zeta_0\sum_s\frac{z_s}{1-\zeta_0 z_s} = \sum_s\frac{1}{\mathrm{e}^{\beta(E_s-\mu)}-1}$$

によって定まる．ここに，$\mathrm{e}^{\beta\mu}:=\zeta_0$ としたので $\mu<E_0$ である．鞍点法によって状態和を計算せよ．μ は化学ポテンシャル (chemical potential) とよばれる．

3.5 Fermi 粒子の場合に前問と同様にして状態和を計算せよ．$\mu<E_0$ に当たる不等式が今度も成り立つか？

3.6 波数 k の素波の振動数が $\omega(k)$ で与えられる波動の伝播は

$$\psi_t(x) = \frac{1}{(2\pi)^{1/2}}\int_{-\infty}^{\infty}\widetilde{\psi}_0(k)\mathrm{e}^{\mathrm{i}[kx-\omega(k)t]}\,\mathrm{d}k$$

で与えられる．ただし，$\widetilde{\psi}_0(k)$ は $\psi_{t=0}(x)$ の Fourier 変換である．
(i) $x/t=v$ を固定して $t\to\infty$ とするときの $\psi_t(x)$ の漸近形を求めよ．
(ii) 量子力学でいう確率の保存の式
$$\int_{-\infty}^{\infty} |\psi_t(x)|^2 \,\mathrm{d}x = \int_{-\infty}^{\infty} |\psi_0(x)|^2 \,\mathrm{d}x$$
は漸近形に対しても成り立つか？
(iii) 特に，$\alpha>0$, k_0 を実定数として
$$\widetilde{\psi}_0(k) = \left(\frac{\alpha}{\pi}\right)^{1/4} \mathrm{e}^{-\alpha(k-k_0)^2/2}$$
とするとき，$\psi_t(x)$ の漸近形に量子力学に従って物理的解釈を与えよ．

3.7 積分
$$F(\zeta) := \int_{\mathsf{C}} \mathrm{e}^{\zeta w(z)} \phi(z) \,\mathrm{d}z$$
において，$w(z)$ の鞍点が z_0 で，そのまわりでの $w(z)$ と $\phi(z)$ の Taylor 展開の収束半径は r より小さくないものとする．以下，$\varepsilon>0$ は追い追い定めるものとして
$$\mathsf{D} := \{z : |z-z_0| < |\zeta|^{-\varepsilon}\}$$
を考える．積分路は鞍点を通るように変形してあるものとする．
(i) $w(z)$ の Taylor 展開を $w(z) = w(z_0) + a_2(z-z_0)^2 + R_w(z)$ と書くとき，定数 M が存在して
$$|R_w(z)| < \frac{M}{r^3}|\zeta|^{-3\varepsilon} \qquad (z \in \mathsf{D})$$
となることを示せ．$\phi(z)$ についても同様にして，積分 $F(\zeta)$ への $\mathsf{C}\cap\mathsf{D}$ からの寄与を
$$F_{\mathsf{D}}(\zeta) = \phi(z_0)\mathrm{e}^{\zeta w(z_0)} \int_{\mathsf{C}\cap\mathsf{D}} \mathrm{e}^{\zeta(z-z_0)^2} \,\mathrm{d}z \cdot \left\{1 + O(|\zeta|^{1-3\varepsilon})\right\}$$
としてよいことを確かめよ．ただし，ε を小さくとって，$\phi(z)$ を $\phi(z_0)$ としたための誤差 $O(|\zeta|^{-\varepsilon})$ を $o(|\zeta|^{1-3\varepsilon})$ に抑えた．$|\zeta|\to\infty$ で $|\zeta|^{1-3\varepsilon}\to 0$ とするため，ε は小さすぎてもいけない．これらの考慮から
$$\frac{1}{3} < \varepsilon < \frac{1}{2}$$
としてある．
(ii) 鞍点 z_0 を通る積分路を D 内で

$$z - z_0 = \mathrm{e}^{-\mathrm{i}(\arg a_2 + \arg \zeta - \pi)/2} |\zeta a_2|^{-1/2} t,$$

$$(-T < t < T,\ T := |a_2| \cdot |\zeta|^{(1/2)-\varepsilon})$$

のようにとれば，$|\zeta| \to \infty$ で

$$F_{\mathsf{D}}(\zeta) \sim \phi(z_0) \mathrm{e}^{\zeta w(z_0)} \sqrt{\frac{1}{|a_2 \zeta|}} \mathrm{e}^{-\mathrm{i}(\arg a_2 + \arg \zeta - \pi)/2} \int_{-T}^{T} \mathrm{e}^{-t^2} \mathrm{d}t$$

となる．この積分範囲を $(-\infty, \infty)$ にすることによる誤差は $O(\mathrm{e}^{-T^2}/T)$ でしかなく，こうして鞍点法の基礎が明らかになった：

$$F_{\mathsf{D}}(\zeta) \sim \sqrt{\frac{\pi}{|\zeta|}} \phi(z_0) \mathrm{e}^{\zeta w(z_0)} \mathrm{e}^{-\mathrm{i}(\arg a_2 + \arg \zeta - \pi)/2} \quad (|\zeta| \to \infty).$$

3.8 確率変数 $X_1, \cdots, X_n$ が互いに独立で，それぞれは平均値 μ, 分散 σ^2 の正規分布 $p(x) = (\sqrt{2\pi}\sigma)^{-1} \mathrm{e}^{-(x-\mu)^2/(2\sigma^2)}$ に従うとき，大偏差原理の公式(3.49)は $(X_1 + \cdots + X_n)/n$ の分布として同じ平均値と n 分の 1 に減った分散の正規分布を与えることを示せ．これは正しい分布だろうか？

3.9 確率変数 $X_1, \cdots, X_n$ が互いに独立で，それぞれは特性関数 $\varphi(k)$, 平均値 μ, 分散 σ^2 の同一の分布に従うとして

(i) $Y = (X_1 + \cdots + X_n - n\mu)/\sqrt{n}$ の分布 $\widetilde{P}_n(y)$ の特性関数 $\widetilde{\Phi}(k)$ が

$$\widetilde{\Phi}(k) = \left[\varphi\left(\frac{k}{\sqrt{n}}\right)\right]^n \mathrm{e}^{-\mathrm{i}k\sqrt{n}\mu}$$

となることを示せ．

(ii) それを Fourier 逆変換して

$$\widetilde{P}_n(y) = \frac{\sqrt{n}}{2\pi} \int_{-\infty}^{\infty} \mathrm{e}^{-\mathrm{i}\sqrt{n}ky + nw(k)} \mathrm{d}k \quad \left(w(k) := \log \varphi(k) - \mathrm{i}k\mu\right)$$

を示せ．

(iii) $\mathrm{d}w(k)/\mathrm{d}k = 0$ から鞍点を定めて鞍点法の近似を用いると**中心極限定理** (central limit theorem) の結論

$$\widetilde{P}_n(y) \sim \frac{1}{\sqrt{2\pi}\sigma} \mathrm{e}^{-y^2/(2\sigma^2)}$$

に到達することを示せ．

しかし，中心極限定理が成り立つためには，たとえば Lindeberg の条件を加

えねばならないことが知られている[*7].

3.10 Airy 関数 $\mathrm{Ai}(\zeta)$ は積分表示
$$\mathrm{Ai}(\zeta) := \frac{1}{2\pi\mathrm{i}} \int_C e^{\zeta t - t^3/3}\,dt$$
をもつ．ここに，積分路 C は $\infty\omega^2$ から $\infty\omega$ にいたる ($\omega := e^{2\pi\mathrm{i}/3}$)．
(ⅰ) $w(z) = \mathrm{Ai}(z)$ が微分方程式 $d^2w/dz^2 = zw$ をみたすことを示せ．
(ⅱ) $\mathrm{Ai}(\omega z)$, $\mathrm{Ai}(\omega^2 z)$ も同じ微分方程式をみたすことを示せ．
(ⅲ) 積分路として $\infty\omega$ から ∞ にいたるもの，あるいは ∞ から $\infty\omega^2$ にいたるものをとっても同じ微分方程式の解が得られること，これらによって定義される三つの関数のうち二つは独立で，三つを加えると 0 になることを示せ．
(ⅳ) 質量 m の粒子が一様な重力場 $V(z) = mgz$ を運動する場合の Schrödinger 方程式
$$\left(-\frac{\hbar^2}{2m}\frac{d^2}{dz^2} + mgz - E\right)u(z) = 0$$
の解 $u(z)$ を $\mathrm{Ai}(z)$ で表わせ．
(ⅴ) $\nu > 0$ をとり，$z = \nu^2 > 0$ における Ai の値を
$$\mathrm{Ai}(\nu^2) = \frac{\nu}{2\pi\mathrm{i}} \int_C e^{\nu^2(z - z^3/3)}\,dz$$
と書く．鞍点 $z_0 = -1$ をとおる峠道は
$$z - \frac{1}{3}z^3 = -\frac{2}{3} - \tau^2 \quad (\tau \text{ は } -\infty \text{ から } \infty \text{ にいたる})$$
で定まること，これに沿う積分は
$$\mathrm{Ai}(\nu^2) = \frac{\nu}{2\pi\mathrm{i}} e^{-2\nu^3/3} \int_{-\infty}^{\infty} e^{-\nu^2\tau^2} \frac{dz}{d\tau}\,d\tau$$
となることを確かめよ．鞍点の近くで峠道を $z = -1 + c_1\tau + \cdots$ と書いて上の方程式から係数 $c_1, \cdots$ を定め，これを積分に代入することによって
$$\mathrm{Ai}(z) \sim \frac{1}{2}\sqrt{\frac{1}{\pi}} \frac{e^{-(2/3)z^{3/2}}}{z^{1/4}} \left(1 - \frac{5}{48z^{3/2}} + \cdots\right) \quad (z \to \infty)$$
を導け．
(ⅵ) この漸近形を，一様な重力場を運動する粒子の波動関数に用いて，その物理的解釈を試みよ．

[*7] Lindeberg の条件が必要条件であることは，ガンマ分布 $\varphi_\alpha(k) = (1 + \mathrm{i}k)^{-\alpha}$ ($\alpha > 0$) の例が示す．伏見康治『確率論および統計論』(河出書房, 1942) の p. 191 を参照．

3.11 Bessel 関数 $J_\nu(x)$ の Schläfli の積分表示で $x=\nu x_0$ とおき，便宜上 $x_0 = \operatorname{sech}\xi$ と書けば

$$J_\nu(\nu \operatorname{sech}\xi) = \frac{1}{2\pi i} \int_{\infty-i\pi}^{\infty+i\pi} e^{N(\sinh z - z\cosh\xi)}\,dz \quad \left(|\arg \nu| < \frac{\pi}{2}\right)$$

となる．ここに $N := \nu \operatorname{sech}\xi$．また，積分路は $\infty - i\pi$ から実軸に平行に $-i\pi$ まで戻り，虚軸に沿って $+i\pi$ に上がって，そこから再び実軸に平行に $\infty + i\pi$ にいたる．

与えられた $\xi \geqq 0$ に対して $\nu \to \infty$ の漸近形を求めるものとすれば，鞍点は

$$\cosh z - \cosh\xi = 0 \quad \text{から} \quad z = \pm \xi + 2n\pi i \ (n = 0, \pm 1, \cdots)$$

と定まり，積分路に囲まれた帯状領域に $\pm\xi$ の二つが含まれる．そして，これらは $\xi \to 0$，すなわち $x_0 \to 1$ で合体する．合体後の鞍点は三つの谷間と三つの山をもつ猿の腰掛けになる．

合体の際，鞍点付近の"地形"はどのような経過をたどるのか？

[参考] 鞍点合体の前の漸近形は

$$J_\nu(\nu\operatorname{sech}\xi) \sim \frac{e^{\nu(\tanh\xi - \xi)}}{(2\pi\nu\tanh\xi)^{1/2}} \left\{1 + \left(\frac{1}{8}\coth\xi - \frac{1}{24}\coth^3\xi\right)\frac{1}{\nu} + \cdots\right\}$$

($\xi > 0, |\nu| \to \infty, |\arg\nu| < (\pi/2)-\varepsilon$) であり，合体後は

$$J_\nu(\nu) \sim \frac{1}{\pi}\left\{6^{1/3}\sin\frac{\pi}{3} \cdot \frac{\Gamma(4/3)}{\nu^{1/3}} + \frac{6^{5/3}}{1400}\sin\frac{5\pi}{3} \cdot \frac{\Gamma(8/3)}{\nu^{5/3}} + \cdots\right\}$$

($|\nu| \to \infty, |\arg\nu| < (\pi/2)-\varepsilon$) となる．前者で $\xi \to 0$ としても後者に一致しない．合体前後で一様な漸近形については前掲の Langer 等のほか Olver[*8] も参照．

[*8] Olver, F. W. J., The asymptotic expansion of Bessel functions of large order, Phil. Trans. Roy. Soc. London, **A 247** (1955), 328–368.

第4章

発散級数の解釈

　発散級数に意味付けすることを考える．特に漸近級数の場合が重要である．量子力学の摂動法は解を摂動の強さの形式的ベキ級数として与えるが，多くの場合その収束半径は 0 である．そこで，形式的ベキ展開から元の関数の形を知ることが問題になる[*1]．

§4.1　簡単な例

　級数 $S := 1-1+1-\cdots$ は発散であるが，仮に $|\sigma|<1$ なる σ をとって

$$1-\sigma+\sigma^2-\cdots = \frac{1}{1+\sigma}$$

とすれば収束する．$\{\sigma^n\}$ を収束因子(convergence factor)という．収束因子を導入して和をとった上で改めてそれを除くと

$$S := \lim_{\sigma \uparrow 1} \frac{1}{1+\sigma} = \frac{1}{2} \tag{4.1}$$

となる．この結果には必然性がないわけではない．実際，S になんらかの意味がつくなら

$$S = 1-(1-1+\cdots) = 1-S$$

が成り立つはずだろう．そうだとしたら $S=1/2$ となる．しかし，

[*1] 湯川秀樹・豊田利幸 編『量子力学 I』(岩波講座 現代物理学の基礎，第 2 版，岩波書店，1978)．§6.1 の例を参照．

$$S = (1-1) + (1-1) + \cdots = 0,$$
$$S = (1+1+1-1) + (1-1) + (1-1) + \cdots = 2$$

などの計算ができることも一概に無視することはできまい．

級数の尻尾をひとまず抑えて和をとり後に抑えを除く上の考えは，積分に対しても使われる．その例として，$1/r$-ポテンシアル $V(r)$ の Fourier 変換

$$\widetilde{V}(\boldsymbol{k}) := \frac{1}{(2\pi)^{3/2}} \int_{\mathsf{R}^3} V(r) \mathrm{e}^{-\mathrm{i}\boldsymbol{k}\cdot\boldsymbol{r}} \, \mathrm{d}^3 \boldsymbol{r}$$

をあげよう．ここに，太文字は R^3 のベクトルを表わし，対応する細文字はその大きさを表わす．・はスカラー積を，$\mathrm{d}^3 \boldsymbol{r}$ は R^3 の体積素片を意味する．極座標 $\boldsymbol{r} = (r, \theta, \varphi)$ で書けば

$$\widetilde{V}(\boldsymbol{k}) = \frac{1}{(2\pi)^{3/2}} \int_0^\infty r^2 \, \mathrm{d}r \int_0^\pi \sin\theta \, \mathrm{d}\theta \int_0^{2\pi} \mathrm{d}\varphi \, \frac{1}{r} \mathrm{e}^{-\mathrm{i}kr\cos\theta}$$

となり

$$\widetilde{V}(\boldsymbol{k}) = \sqrt{\frac{2}{\pi}} \frac{1}{k} \cdot \int_0^\infty \sin kr \, \mathrm{d}r \tag{4.2}$$

のように発散積分が現れる．これは，収束因子 $\mathrm{e}^{-\varepsilon r}$ を用い

$$\lim_{\varepsilon \downarrow 0} \int_0^\infty \mathrm{e}^{-\varepsilon r} \sin kr \, \mathrm{d}r = \lim_{\varepsilon \downarrow 0} \mathrm{Im} \frac{1}{\varepsilon - \mathrm{i}k} = \frac{1}{k} \tag{4.3}$$

と解釈するのが普通である．こうすると

$$\widetilde{V}(\boldsymbol{k}) = \sqrt{\frac{2}{\pi}} \frac{1}{k^2} \tag{4.4}$$

となる．おもしろいことに，その Fourier 逆変換

$$\frac{1}{(2\pi)^{3/2}} \int \widetilde{V}(\boldsymbol{k}) \mathrm{e}^{\mathrm{i}\boldsymbol{k}\cdot\boldsymbol{r}} \, \mathrm{d}^3 \boldsymbol{k} = \frac{1}{2\pi^2} \int_0^\infty k^2 \, \mathrm{d}k \int_0^\pi \sin\chi \, \mathrm{d}\chi \int_0^{2\pi} \mathrm{d}\psi \, \frac{1}{k^2} \mathrm{e}^{\mathrm{i}kr\cos\chi}$$

は発散を含まない：

$$\frac{2}{\pi r} \int_0^\infty \frac{\sin kr}{k} \, \mathrm{d}k = \frac{1}{r}. \tag{4.5}$$

そして，Fourier 変換の人工的に見える定義(4.3)にもかかわらず正しく $V(r)$ を復元している．

物理の問題としては，(4.3)における収束因子は，実際の状況では避けられな

い遮蔽効果を表わしていると考えられる．その意味では，$\varepsilon \to 0$ の極限をとらないほうが現実に忠実であろう．しかし，遮蔽を表わす ε は無視できるくらい小さいとしたら，極限をとってもよい．そればかりでなく，この極限は収束因子のとりかたによらないということが証明できたとすれば，かえってこの極限の方が現実をよく反映していることになる．

級数 $\sum_{n=0}^{\infty} a_n = a_0 + a_1 + \cdots$ にもどって
$$s_n := a_0 + a_1 + \cdots + a_n \quad (n = 0, 1, 2, \cdots) \tag{4.6}$$
とおく．やはり級数の尻尾を抑えることになるのだが
$$\Phi(n) := \frac{s_0 + s_1 + \cdots + s_n}{n+1} \tag{4.7}$$
を定義しよう．これは，もし級数 $\sum a_n$ が収束して和が S ならば
$$\lim_{n \to \infty} \Phi(n) = S$$
を与える．発散級数 $1-1+1-\cdots$ に対しては
$$\Phi(n) = \frac{1}{n+1} \begin{cases} 1+0+1+\cdots+0+1 & (n = 偶数) \\ 1+0+1+\cdots+1+0 & (n = 奇数) \end{cases}$$
となって，極限
$$\lim_{n \to \infty} \Phi(n) = \frac{1}{2}$$
は確定する．この極限 $\lim \Phi(n)$ を級数の和と定義すれば，収束級数に対してはその和に一致し(正則性，regularity)，しかも和を定め得る発散級数が少なくとも一つ存在する(拡張性，extensibility)．この二性質は，さきに述べた収束因子の方法も備えている．そして，二つの方法による和の値も一致している(整合性，consistency)．

§4.2 総和の一意性

級数総和法の考察を始めるまえに，漸近ベキ級数の表わす関数の一意性に関する定理を一つ述べておく．一般に一つの漸近級数が異なる関数を表わしうることは例 1.1 に注意したが，漸近ベキ級数については次の定理が知られている．

定理 4.1（Carleman） $f(z)$ は，ある $k>0$ に対する角領域 $\mathsf{D}:=\{z\,|\,|z|>k,\ |\arg z|\leqq \pi/2\}$ において正則で，漸近級数展開
$$f(z) = a_0 + a_1 z^{-1} + \cdots + a_n z^{-n} + R_n(z) \quad (|z|\to\infty)$$
をもち，ある $\sigma>0$ に対し $\arg z$ に関して一様に
$$a_n = O(n!\sigma^n),\quad R_n(z) = O\left\{(n+1)!\left(\frac{\sigma}{|z|}\right)^{n+1}\right\} \quad (n=0,1,\cdots)$$
であるとする．このような関数は $f(z)$ 以外にない．

［証明］定理にいう性質をもつ関数が仮に二つあったとして，それらを $f_1(z)$, $f_2(z)$ とし，$g(z):=f_1(z)-f_2(z)$ とおけば，n と $\arg z$ に関して一様に
$$|g(z)| = O\left\{(n+1)!\left(\frac{\sigma}{|z|}\right)^{n+1}\right\} \tag{4.8}$$
が成り立つ．

ところが，複素変数関数論に次の定理がある[*2]：ある $R>0$ に対して $|z|>R,\ |\arg z|\leqq\pi/2$ で
$$|g(z)| \leqq \alpha_n |z|^{-n} \quad (n=1,2,\cdots) \tag{4.9}$$
が成り立つことから $g(z)=0\,(z\in\mathsf{D})$ がいえるための必要十分条件は
$$\sum_{n=1}^{\infty}\frac{1}{\alpha_n^{1/n}} \text{ が発散すること} \tag{4.10}$$
である．

(4.8) の場合，ある定数 K が存在して
$$\alpha_n \leqq Kn!(\sigma)^n$$
となることを意味するのだから，(4.10) の級数について
$$\sum_{n=1}^{\infty}\frac{1}{\alpha_n^{1/n}} \geqq \frac{1}{K\sigma}\sum_{n=1}^{\infty}\frac{1}{(n!)^{1/n}}$$
がわかり，さらに，この右辺について，Stirling の公式と $n^{1/n}<\mathrm{e}$ より
$$\sum_{n=1}^{\infty}\frac{1}{(n!)^{1/n}} > \sqrt{\mathrm{e}}\sum_{n=1}^{\infty}\frac{1}{n}$$
がわかる．よって，(4.10) が成り立ち，$g(z)=0\,(z\in\mathsf{D})$ が結論できる．したがって，$f_1(z)$ と $f_2(z)$ は実は同じ関数である． ∎

[*2] Carleman, T., Les fonctions quasi-analytique, Gauthier-Villars, 1926, p.54.

§4.3 級数総和法

級数 $\sum a_n$ に対し s_n を (4.6) によって定める. §4.1 で用いた処方を一般化して級数総和法を定義し, 二, 三の注意をする. a_n が z の関数の場合もある.

(a) 総和法の定義

定義 4.1 関数列 $\{\varphi_n(\sigma)\}$ または $\{\psi_n(\sigma)\}$ を固定し, 級数 $\sum a_n$ に対して

$$\Phi(\sigma) := \sum_{n=0}^{\infty} s_n \varphi_n(\sigma) \quad \text{または} \quad \Psi(\sigma) := \sum_{n=0}^{\infty} a_n \psi_n(\sigma)$$

とおくとき

$$\lim_{\sigma} \Phi(\sigma) \quad \text{または} \quad \lim_{\sigma} \Psi(\sigma)$$

の極限 S が正則性と拡張性をもつならば, その有限の極限値 S をその級数の和といい, 用いた関数列を表す記号 P を添えて

$$\sum_{n=0}^{\infty} a_n = S \quad (\text{P})$$

と書く. これで和の定まる級数は **P-総和可能** (P-summable) であるという. □

この定義によって級数の和を定める仕方を**総和法** (summability method) とよぶ.

これは, 一般には'定義'であって, Hardy も巻末にあげた発散級数に関する著書にこのことを強調しているが, 前節に述べたように, 対応する関数 S が一意に存在する場合もあるから, その場合には当の関数 S を総和法が間違いなく与えるかどうかが問題になる. また, §4.1 に注意したように, 物理の扱いでは級数の発散が対象の理想化に原因し, 総和法がかえって物理的に正しく状況を反映する場合もある.

(b) 線形性

上の定義のどちらの総和法も線形である. すなわち:

$$\sum a_n = S \quad (\text{P}), \quad \sum b_n = T \quad (\text{P})$$

ならば
$$\sum(\alpha a_n + \beta b_n) = \alpha S + \beta T \quad (\text{P}). \tag{4.11}$$

（c） 正則性の条件

総和法の正則性を検証するため二つの補題を用意しておく．

補題 4.1 $\{\varphi_n(\sigma)\}$ を与えられた関数列（σ の変域：D）とし，$\{s_n\}_{n=1}^{\infty}$ を任意の収束数列として，その極限値を S とする．もし

(1) 各 n ごとに有限の極限値 $\lim_{\sigma \to \sigma_0} \varphi_n(\sigma) = c_n$ が存在する

(2) 有限の極限値 $\lim_{\sigma \to \sigma_0} \sum_{n=0}^{\infty} \varphi_n(\sigma) = \alpha$ が存在する

(3) σ に無関係な M が存在して，$\sum_{n=0}^{\infty} |\varphi_n(\sigma)| < M$ となる

ならば
$$\lim_{\sigma \to \sigma_0} \sum_{n=0}^{\infty} s_n \varphi_n(\sigma) = \alpha S + \sum_{n=0}^{\infty} (s_n - S) c_n$$

が成り立つ．もし $S=0$ なら条件(2)は不要である．

［証明］ (3)により $\sum(s_n - S)\varphi_n(\sigma)$ は存在するから，それを $\Phi_1(\sigma)$ とおけば
$$\Phi(\sigma) := \sum s_n \varphi_n(\sigma) = S \sum \varphi_n(\sigma) + \Phi_1(\sigma)$$
となる．最右辺の第1項の極限値は条件(2)により αS に等しい．

他方，$\Phi_1(\sigma)$ においては，$s_n \to S$ だから任意の $\varepsilon > 0$ に対して N が存在し
$$|s_n - S| < \varepsilon \quad (\forall n > N).$$
したがって，$\nu' > \nu > N$ なる任意の ν, ν' に対して，条件(3)により
$$\left| \sum_{n=\nu}^{\nu'} (s_n - S)\varphi_n(\sigma) \right| < \varepsilon M \quad (\forall \sigma \in \text{D})$$
となるから，級数 $\Phi(\sigma)$ は D 上で一様収束する．よって，$\lim_{\sigma} \Phi_1(\sigma)$ において和と極限の順序が交換できる：
$$\lim_{\sigma} \sum_n (s_n - S)\varphi_n(\sigma) = \sum_n (s_n - S) \lim_{\sigma} \varphi_n(\sigma) = \sum_n (s_n - S) c_n.$$
ただし，最後に条件(1)を用いた．以上をまとめて補題の結論を得る． ∎

特に，すべての c_n が 0 で α が 1 のとき補題の主張は簡明になる．すなわち

§4.3 級数総和法

$$\lim_\sigma \varphi_n(\sigma) = 0 \ (n=0,1,\cdots), \quad \lim_\sigma \sum_{n=0}^\infty \varphi_n(\sigma) = 1$$

ならば

$$\lim_\sigma \Phi(\sigma) = S. \tag{4.12}$$

補題 4.2 $\{\psi_n(\sigma)\}$ を与えられた関数列 (σ の変域：D) とし，$\sum_n a_n$ を任意の収束級数として，その和を S とする．もし，$\sigma_0 \in \bar{\mathsf{D}}$ (D の閉包) に対して

(1) 各 n について $\psi_n(\sigma)$ が有限の極限値 $\lim\limits_{\sigma \to \sigma_0} \psi_n(\sigma) = 1$ をとり

(2) σ に無関係な M が存在して，$\sum\limits_{n=0}^\infty |\psi_n(\sigma) - \psi_{n+1}(\sigma)| < M$

となるならば

$$\lim_{\sigma \to \sigma_0} \Psi(\sigma) = S.$$

[証明] まず

$$\sum_{n=0}^\nu a_n \psi_n(\sigma) = S\psi_0(\sigma) + \Psi_1(\sigma;\nu) + (s_\nu - S)\psi_{\nu+1}(\sigma)$$

に注意する．ただし

$$\Psi_1(\sigma;\nu) = \sum_{n=0}^\nu (s_n - S)[\psi_n(\sigma) - \psi_{n+1}(\sigma)]$$

とおいた．ここで

$$|\psi_{\nu+1}(\sigma)| < |\psi_0(\sigma) - \psi_{\nu+1}(\sigma)| + |\psi_0(\sigma)|$$

の右辺第 1 項は，仮定 (2) により

$$\sum_{n=0}^\nu |\psi_n(\sigma) - \psi_{n+1}(\sigma)| < M \qquad (\nu = 1, 2, \cdots)$$

でおさえられ，第 2 項は仮定 (1) により，σ_0 に十分近い σ に対して $< 1 + M$ となる．よって

$$|\psi_{\nu+1}(\sigma)| < 2(1+M).$$

ところが，$s_n \to S$ だから

$$|(s_\nu - S)\psi_{\nu+1}(\sigma)| < 2(1+M)|s_\nu - S| \to 0 \qquad (\nu \to \infty)$$

が知れる．したがって

$$\sum_{n=0}^{\infty} a_n \psi_n(\sigma) - S\psi_0(\sigma) = \Psi_1(\sigma; \infty).$$

さて，$\Psi_1(\sigma; \infty)$ において $s_n - S = s_n{}'$, $\psi_n(\sigma) - \psi_{n+1}(\sigma) := \varphi_n(\sigma)$ と書けば，$\lim_{n \to \infty} s_n{}' = 0$ であるばかりでなく，条件(1)から

$$\lim_{\sigma \to \sigma_0} \varphi_n(\sigma) = 0$$

が知れ，また条件(2)から

$$\sum_{n=0}^{\infty} |\varphi_n(\sigma)| < M$$

が知れる．よって

$$\lim_{\sigma \to \sigma_0} \Psi_1(\sigma; \infty) = 0$$

が結論され

$$\lim_{\sigma \to \sigma_0} \sum_{n=0}^{\infty} a_n \psi_n(\sigma) = S \lim_{\sigma \to \sigma_0} \psi_0(\sigma) = S$$

となる． ∎

§4.4 種々の総和法

代表的な例をあげる．すべてではない．

(a) Cesàro の総和法

§4.1 の最後にあげた例では σ の変域が $\mathsf{D} = \{0, 1, 2, \cdots\}$ であり

$$\varphi_n(\sigma) = \begin{cases} 1/(\sigma+1) & (n = 0, 1, 2, \cdots, \sigma) \\ 0 & (n > \sigma) \end{cases} \quad (4.13)$$

であって

$$\Phi(\sigma) = \frac{s_0 + s_1 + \cdots + s_\sigma}{\sigma + 1} \quad (\sigma = 0, 1, 2, \cdots \in \mathsf{D}) \quad (4.14)$$

となる．これを用いて

§4.4 種々の総和法

$$\sum_{n=1}^{\infty} a_n := \lim_{\sigma \to \infty} \Phi(\sigma) \quad (\mathrm{C},1) \tag{4.15}$$

と定義し，Cesàro (チェザロ) の 1 次の総和という．これが正則性をもつことは定義から明らかであるし，(4.12) からもわかる．拡張性は§4.1 の例が示している．一般の (C,k)-総和法 $(k=1,2,\cdots)$ は演習問題 4.4 のなかで定義する．

例 4.1 関数 $f(x)$ $(-\pi \leqq x \leqq \pi)$ の Fourier 展開

$$\frac{1}{2\pi} \lim_{n \to \infty} \sum_{\nu=-n}^{n} \int_{-\pi}^{\pi} f(y) \mathrm{e}^{\mathrm{i}\nu(x-y)} \, dy \tag{4.16}$$

の理論では $(\mathrm{C},1)$-総和法が使われる．

$$\sum_{\nu=-n}^{n} \mathrm{e}^{\mathrm{i}\nu z} = \frac{\mathrm{e}^{-\mathrm{i}nz} - \mathrm{e}^{\mathrm{i}(n+1)z}}{1 - \mathrm{e}^{\mathrm{i}z}} = \frac{\sin\left(n+\dfrac{1}{2}\right)z}{\sin\dfrac{1}{2}z} \tag{4.17}$$

であるから，級数 (4.16) の部分和 (4.6) は

$$s_n(x) := \frac{1}{2\pi} \int_{-\pi}^{\pi} \frac{\sin\left(n+\dfrac{1}{2}\right)(x-y)}{\sin\dfrac{1}{2}(x-y)} f(y) \, dy \tag{4.18}$$

となる．さらに，z を実数とすれば

$$\sum_{n=0}^{\sigma} \sin\left(n+\frac{1}{2}\right)z = \mathrm{Im} \sum_{n=0}^{\sigma} \mathrm{e}^{\mathrm{i}(n+1/2)z} = \frac{1-\cos(\sigma+1)z}{2\sin\dfrac{1}{2}z}$$

であるから

$$\Phi_\sigma(x) = \frac{1}{2\pi(\sigma+1)} \int_{-\pi}^{\pi} \left(\frac{\sin\dfrac{\sigma+1}{2}(x-y)}{\sin\dfrac{1}{2}(x-y)}\right)^2 f(y) \, dy. \tag{4.19}$$

関数 $f(x)$ が $(-\pi,\pi)$ で断片的に連続な場合，連続な点 x_0 では $\Phi_\sigma(x_0) \to f(x_0)$ $(\sigma \to \infty)$ となることが証明される．すなわち

$$\frac{1}{2\pi} \lim_{n \to \infty} \sum_{\nu=-n}^{n} \int_{-\pi}^{\pi} f(y) \mathrm{e}^{\mathrm{i}\nu(x_0-y)} \, dy = f(x_0) \quad (\mathrm{C},1) \tag{4.20}$$

が成り立つ．Fourier 級数の和を $(\mathrm{C},1)$ の意味としたとき元の関数の値が復元されるのである．

さらに，$f(x)$ が点 x_0 で右微係数と左微係数をもつならば $s_n(x_0) \to f(x_0)$ $(n \to \infty)$ も証明される．すなわち，級数自身が収束して元の関数の値を復元する．このとき，級数は Cauchy の意味で収束するといい，(C) でそれを表わす．

(4.18), (4.19) に現れた積分核

$$D_n(z) := \frac{\sin(n+\frac{1}{2})z}{2\sin\frac{1}{2}z}, \quad F_n(z) := \frac{1}{2n}\left(\frac{\sin\frac{n}{2}z}{\sin\frac{1}{2}z}\right)^2 \quad (4.21)$$

は，それぞれ Dirichlet 核，Fejér 核とよばれ，特徴的な性質

$$\frac{1}{\pi}\int_{-\pi}^{\pi} D_n(z)\,dz = 1, \quad \frac{1}{\pi}\int_{-\pi}^{\pi} F_n(z)\,dz = 1 \quad (n=1,2,\cdots)$$

$$\lim_{n\to\infty} F_n(z) = 0 \quad \left(z \neq 0, z \in (-\pi,\pi)\right)$$

をもつ． □

(C,1)-総和可能でない発散級数もある．

定理 4.2 級数 $\sum a_n$ が (C,1)-総和可能なら $a_n = o(n)$ $(n \to \infty)$．

[証明] 級数 $\sum a_n$ は (C,1)-総和可能だから

$$\Phi(\sigma) - \Phi(\sigma-1) = \frac{s_\sigma}{\sigma+1} - \frac{\Phi(\sigma-1)}{\sigma+1}$$

の左辺は，十分に大きい N をとれば，$\sigma > N$ に対し絶対値において任意の $\varepsilon > 0$ より小さくできる．また，右辺の $\Phi(\sigma-1)$ と $S := \lim_{\sigma\to\infty}\Phi(\sigma-1)$ との差も同じく ε より小さくできる．したがって

$$|s_\sigma - S| < (\sigma+2)\varepsilon \quad (\forall \sigma > N)$$

となり，$\sigma+1$ を 2σ にかえて，a_σ の大きさに対し

$$|s_\sigma - s_{\sigma-1}| < |s_\sigma - S| + |s_{\sigma-1} - S| < 4\varepsilon\sigma$$

が得られる．これは $a_\sigma = o(\sigma)$ にほかならない． ■

一般に，級数 $\sum a_n$ が (C,k)-総和可能なら $a_n = o(n^k)$ であることが証明される．このように，命題が成立するために級数あるいは関数がもつべき漸近的な性質を述べる定理は，**Tauber** 型の定理 (Tauberian theorem) とよばれる．

例 4.2 (1.7) の漸近級数

$$G(z) = 1 - z + 2!\,z^2 - 3!\,z^3 + \cdots \quad (|z| \to 0) \quad (4.22)$$

は (C,1)-総和可能でない. □

(b) **Abel の総和法**

$0<\sigma<\sigma_0=1$ として,関数列
$$\psi_n(\sigma):=\sigma^n \ (n=0,1,2,\cdots) \tag{4.23}$$
をとれば,これは補題 4.2 の 2 条件をみたす.そこで
$$\Psi(\sigma):=\sum_{n=0}^{\infty}a_n\psi_n(\sigma) \tag{4.24}$$
が $|\sigma|<1$ で収束し,$\lim_{\sigma\uparrow 1}\Psi(\sigma)$ が有限確定ならば
$$\sum_{n=0}^{\infty}a_n:=\lim_{\sigma\uparrow 1}\Psi(\sigma) \quad (A) \tag{4.25}$$
によって **Abel の総和法**を定義する.これは補題 4.2 により正則性をもつ.拡張性は§4.1 の例が証明している.

Abel の和を,Cesàro 和にならって,$\{s_n\}$ で書くことを試みよう.$0<\sigma<1$ とし
$$\sum_{p=0}^{n-1}\sigma^p = \frac{1-\sigma^n}{1-\sigma}$$
から σ^n をもとめて $\Psi_N(\sigma):=\sum_{n=0}^{N}a_n\sigma^n$ に代入すると
$$\Psi_N(\sigma)=\sum_{n=0}^{N}a_n\Bigl\{1-(1-\sigma)\sum_{p=0}^{n-1}\sigma^p\Bigr\}$$
となる.ただし,$n=0$ の $\sum_{p=0}^{n-1}\sigma^p$ は 0 とする.和の順序を交換すれば
$$\Psi_N(\sigma)=s_N-(1-\sigma)\sum_{p=0}^{N-1}\Bigl(\sigma^p\sum_{n=p+1}^{N}a_n\Bigr)$$
となるが,$\sum_{n=p+1}^{N}a_n=s_N-s_p$ だから
$$\Psi_N(\sigma)=(1-\sigma)\sum_{p=0}^{N-1}\sigma^p s_p+\sigma^N s_N.$$
ここで $N\to\infty$ とすれば $\Psi_N(\sigma)\to\Psi(\sigma)$ となる.もし $\sigma^N s_N\to 0$ ならば
$$\Psi(\sigma)=\frac{\sum_{p=0}^{\infty}\sigma^p s_p}{\sum_{q=0}^{\infty}\sigma^q} \tag{4.26}$$

と書けることになる．(A)-総和法の $\Psi(\sigma)$ は，$\{\sigma^p\}$ を重みとする部分和 $\{s_p\}$ の荷重平均である．

こうして，$0<\sigma<1$ の σ に対して $\lim_{N\to\infty}\sigma^N s_N = 0$ となるときには，級数の Abel 和が存在して S ならば（上に仮定した $\sigma^N s_N \to 0$ は成り立ち），部分和の荷重平均も存在して S に等しい．このように，無限級数の全体としての和の性質から部分和の平均的な性質をいう定理を **Abel 型の定理**（Abelian theorem）という．Cesàro 和の正則性をいう定理も Abel 型である．

例 4.3 z を複素数とする．級数 $\sum_{n=0}^{\infty} z^n$ に対して級数 $\sum_{n=0}^{\infty}(\sigma z)^n$ は $|z|\leqq 1$ のとき $|\sigma|<1$ で収束する．そして

$$\lim_{\sigma\uparrow 1}\sum_{n=0}^{\infty}(\sigma z)^n = \lim_{\sigma\uparrow 1}\frac{1}{1-\sigma z}$$

は $z\neq 1$ なら有限確定である．よって

$$\sum_{n=0}^{\infty} z^n = \frac{1}{1-z} \ \ (\mathrm{A}) \quad (|z|\leqq 1,\ z\neq 1) \tag{4.27}$$

□

このように，(A)-総和法も $\sum z^n$ を収束円の外で総和できるわけではない．

例 4.4 前の例と同様にして

$$\sum_{n=0}^{\infty} \mathrm{e}^{in\phi} = \frac{1}{1-\mathrm{e}^{i\phi}} \ \ (\mathrm{A}) \quad (0<\phi<2\pi).$$

両辺の実数部分をとって 2 倍すれば

$$2\sum_{n=0}^{\infty}\cos n\phi = 1 \ \ (\mathrm{A})$$

となり，これを受け入れると $f(\phi)=1$ $(0<\phi<2\pi)$ の級数表示が

$$f(\phi) = 1 + 0\cdot\cos\phi + 0\cdot\cos 2\phi + \cdots$$

のほかにも無数にあることになる．これはパラドックスである． □

例 4.5 複素変数関数 $f(z):=\mathrm{e}^{1/(1+z)}$ は $|z|<1$ で正則だから，ベキ級数

$$\mathrm{e}^{1/(1+z)} = \sum_{n=1}^{\infty} a_n z^n \quad (|z|<1)$$

に展開できる．級数 $\sum a_n$ は明らかに (A)-総和可能で和は $\mathrm{e}^{1/2}$ である．

ところが，これは (C,1) 総和可能ではない．なぜなら

§4.4 種々の総和法

$$\mathrm{e}^{1/(1-z)} = 1 + \frac{1}{1!}\frac{1}{1-z} + \cdots + \frac{1}{\nu!}\left(\frac{1}{1-z}\right)^\nu + \cdots$$

を改めて z で展開するとき, 各項から生ずる z^n の係数への寄与はすべて正だから, 一つの項 $\dfrac{1}{\nu!}\left(\dfrac{1}{1-z}\right)^\nu$ の寄与より大きい:

$$(-1)^n a_n > \frac{\nu(\nu+1)\cdots(\nu+n-1)}{\nu!n!} > \frac{n^{\nu-1}}{\nu!(\nu-1)!} \quad (\nu=1,2,\cdots).$$

よって a_n は, どんなに大きな k をとっても $o(n^k)$ とならない. したがって, 定理 4.2 により $\sum a_n$ は (C,1)-総和可能でない. 定理 4.2 の後に注意したことから, どんな k に対する (C,k)-総和可能にもならないのである. □

(c) **Borel 総和法**

級数 $\sum a_n$ に対し, $s_n = a_0 + a_1 + \cdots + a_n$ とおくとき, ベキ級数 $\sum s_n z^n/n!$ の収束半径が ∞ であるとしよう. 関数列

$$\varphi_n(\sigma) := \mathrm{e}^{-\sigma}\frac{\sigma^n}{n!} \quad (n=0,1,2,\cdots) \tag{4.28}$$

をとれば

$$\Phi(\sigma) = \sum_{n=0}^{\infty} s_n \varphi_n(\sigma) = \mathrm{e}^{-\sigma} \sum_{n=0}^{\infty} s_n \frac{\sigma^n}{n!} \tag{4.29}$$

となり, 補題 4.1 の条件をみたし (4.12) の場合になっている. したがって, $\lim_{\sigma\to\infty} \Phi(\sigma)$ が存在するとき

$$\sum_{n=0}^{\infty} a_n := \lim_{\sigma\to\infty} \Phi(\sigma) \quad (\mathrm{B}) \tag{4.30}$$

と定めれば, 正則性の条件はみたされる. これを **Borel 総和法** という. 拡張性を示そう.

例 4.6 級数 $\sum z^n$ に対して

$$s_n = 1 + z + \cdots + z^n = \frac{1-z^{n+1}}{1-z} \quad (n=1,2,\cdots)$$

であるから

$$\sum_{n=0}^{\infty} s_n \frac{\sigma^n}{n!} = \frac{1}{1-z}(\mathrm{e}^\sigma - z\mathrm{e}^{\sigma z})$$

の収束半径は ∞ であって

$$\varPhi(\sigma) = \mathrm{e}^{-\sigma} \sum_{n=0}^{\infty} s_n \frac{\sigma^n}{n!} = \frac{1}{1-z} - \frac{z\mathrm{e}^{-(1-z)\sigma}}{1-z}$$

となるから，$\mathrm{Re}\,z < 1$ であるかぎり $\lim_{\sigma\to\infty}\varPhi(\sigma)$ は存在する．このときは Borel-総和可能(Borel-summable)なのであって

$$\sum_{n=0}^{\infty} z^n = \frac{1}{1-z} \quad \text{(B)} \qquad (\mathrm{Re}\,z < 1). \tag{4.31}$$ □

級数 $\sum z^n$ が本来の収束半径を越えて意味づけされたことに注目したい．これは (C,1) や (A) の総和法ではできなかったことである．(B)-総和法は (C,1) や (A) より強力である．それでも，次の例がある．

例 4.7 $s_n = (-1)^n n! z^n \ (n=1,2,\cdots)$ となる級数は (B)-総和可能でない． □

（d） Borel′ 総和法

級数 $\sum_{n=0}^{\infty} a_n$ に対し，ベキ級数 $\sum_{n=0}^{\infty} a_n \frac{\sigma^n}{n!}$ の収束半径が ∞ であるとして

$$B(\sigma) := \sum_{n=0}^{\infty} \frac{a_n}{n!} \sigma^n \tag{4.32}$$

とおく．このとき

$$\sum_{n=0}^{\infty} a_n := \int_0^{\infty} \mathrm{e}^{-\sigma} B(\sigma)\,\mathrm{d}\sigma \quad (\mathrm{B}') \tag{4.33}$$

と定義し，これを **Borel′ 総和法**という．ただし，積分が有限確定であるとしてである．(4.32) の $B(\sigma)$ を級数 $\sum a_n$ からつくった **Borel 級数**という．

積分が入ってきた点で，これは定義 4.1 の枠をはみだしている．(B′) の正則性は直接にも証明できるが，ここでは次の定理の副産物として (B)-総和法の正則性から導こう．

定理 4.3
$$\sum_{n=0}^{\infty} a_n = S \ \text{(B)} \quad \Longrightarrow \quad \sum_{n=0}^{\infty} a_n = S \ \text{(B}')$$

［証明］ベキ級数は収束半径の中では一様収束するから，項別微分してよく

$$\frac{\mathrm{d}}{\mathrm{d}\sigma}\mathrm{e}^{-\sigma}\sum_{n=0}^{\infty}\frac{s_n}{n!}\sigma^n = \mathrm{e}^{-\sigma}\sum_{n=0}^{\infty}\frac{s_{n+1}-s_n}{n!}\sigma^n = \mathrm{e}^{-\sigma}\frac{\mathrm{d}}{\mathrm{d}\sigma}B(\sigma)$$

となる．積分すれば，$s_0 = a_0$ だから

§4.4 種々の総和法

$$\mathrm{e}^{-\sigma}\sum \frac{s_n}{n!}\sigma^n = a_0 + \int_0^\sigma \mathrm{e}^{-t}\frac{\mathrm{d}}{\mathrm{d}t}B(t)\,\mathrm{d}t \qquad (4.34)$$

を得る．さらに，右辺で部分積分をして，$\sigma=0$ で $B(0)=a_0$ であることを考慮すれば

$$\mathrm{e}^{-\sigma}\sum_{n=0}^\infty s_n \frac{\sigma^n}{n!} = \mathrm{e}^{-\sigma}B(\sigma) + \int_0^\sigma \mathrm{e}^{-t}B(t)\,\mathrm{d}t \qquad (4.35)$$

を得る．これを

$$v(\sigma) := \int_0^\sigma \mathrm{e}^{-t}B(t)\,\mathrm{d}t - S, \qquad f(\sigma) := \mathrm{e}^{-\sigma}\sum_{n=0}^\infty s_n \frac{\sigma^n}{n!} - S$$

によって書き直せば

$$\left(\frac{\mathrm{d}}{\mathrm{d}\sigma}+1\right)v(\sigma) = f(\sigma)$$

となる．右辺が仮定により $\sigma\to\infty$ で 0 になることから $v(\sigma)\to 0$ を導こう．物理の眼で見れば，この微分方程式は速度 $v(\sigma)$ に比例する抵抗と力 $f(\sigma)$ を受ける質点の運動方程式だから，$f(\sigma)\to 0$ で力が消えれば速度もいずれ 0 になるはずなのである．実際，微分方程式の解

$$v(\sigma) = \mathrm{e}^{-\sigma}\left\{\int_0^\sigma \mathrm{e}^t f(t)\,\mathrm{d}t + v_0\right\}$$

において，任意の $\varepsilon>0$ に対して T が存在し $|f(t)|<\varepsilon\,(t>T)$ となることに注意すれば

$$|v(\sigma)| \leqq \mathrm{e}^{-\sigma}\left\{\int_0^T \mathrm{e}^t f(t)\,\mathrm{d}t + \varepsilon\int_T^\sigma \mathrm{e}^t\,\mathrm{d}t + v_0\right\}$$

を得る．これは

$$|v(\sigma)| \leqq \varepsilon + C(T)\mathrm{e}^{-\sigma}$$

の形だから，右辺は σ さえ大きくとれば任意の 2ε より小さくできる．そして，この $v(\sigma)\to 0\ (\sigma\to\infty)$ は $\sum a_n \to S$ (B′) にほかならない． ∎

(B′)-総和法の拡張性を次の例で示そう．

例 4.8 級数 $\sum_{n=0}^\infty a_n$，ただし

$$a_n := \sum_{p=0}^\infty \frac{(-1)^p}{(2p+1)!}(2p+2)^n.$$

これ自身は収束で

$$a_n = \left(\frac{\mathrm{d}}{\mathrm{d}x}x\right)^n \sin x\Big|_{x=1}$$

で与えられる．級数 $\sum a_n$ は発散であるが，(B′)-総和可能である．実際，(4.32) は

$$B(\sigma) = \mathrm{e}^\sigma \sin \mathrm{e}^\sigma$$

となり

$$\int_0^\infty \mathrm{e}^{-\sigma} B(\sigma)\mathrm{d}\sigma = \int_1^\infty \frac{\sin t}{t}\,\mathrm{d}t$$

は有限確定だから

$$\sum_{n=0}^\infty \sum_{p=0}^\infty \frac{(-1)^p}{(2p+1)!}(2p+2)^n = \int_1^\infty \frac{\sin t}{t}\,\mathrm{d}t \quad \text{(B′)}. \tag{4.36}$$

しかし，(4.34) によれば

$$\mathrm{e}^{-\sigma}\sum_{n=0}^\infty s_n\frac{\sigma^n}{n!} - a_0 = \int_0^\sigma \mathrm{e}^{-t}\frac{\mathrm{d}}{\mathrm{d}t}\mathrm{e}^t \sin \mathrm{e}^t\,\mathrm{d}t = \int_0^\sigma \left(\sin \mathrm{e}^t + \mathrm{e}^t \cos \mathrm{e}^t\right)\mathrm{d}t$$

であって，右辺は $\sigma \to \infty$ で収束しないから，左辺もそうで，例 4.8 の級数は (B)-総和可能でない．(B′) は，この点で (B) より強力であるが，それでも次の例には無力である．

例 4.9 漸近級数 (4.22) は (B′) でも総和できない．

$$B(\sigma) = \sum_{n=0}^\infty (-1)^n (\sigma z)^n = \frac{1}{1+\sigma z} \tag{4.37}$$

の (σ に関する) 収束半径が ∞ でないからである． □

(e) **Borel* 総和法**

級数 $\sum_{n=0}^\infty a_n$ に対して Borel 級数 (4.32) が次の 3 条件をみたすとしよう：
(1) 小さな σ で収束して $B(\sigma)$ を定め
(2) (1) の $B(\sigma)$ は複素 σ 平面上 $\mathsf{R}_+ = \{\sigma \in \mathsf{R}\,|\,0 < \sigma \leqq \infty\}$ を含む領域に解析接続される
(3) $\int_0^\infty \mathrm{e}^{-\sigma} B(\sigma)\,\mathrm{d}\sigma = S$ が有限確定

このとき

$$\sum_{n=0}^{\infty} a_n := S \quad (\mathbf{B}^*)$$

と定める.これを $(\mathbf{B}^*)$-総和法とよぶ.その正則性は,(B)-総和可能なら $(\mathbf{B}^*)$-総和可能であることから明らか.拡張性は,次の例が示す.

例 4.10 漸近級数 (4.22) は $(\mathbf{B}^*)$-総和法で総和できる.実際,(4.37) の $B(\sigma)$ は $z \notin$(負の実軸)のとき上の3条件をみたすから

$$G(z) = \sum_{n=0}^{\infty} (-1)^n n! z^n = \int_0^{\infty} \frac{e^{-\sigma}}{1+\sigma z} d\sigma \quad (\mathbf{B}^*) \quad (z \notin \text{負の実軸}). \tag{4.38}$$

この形は (1.4) と同じである. □

§4.5 総和法と解析性

与えられた関数の漸近展開の和は元の関数を復元するだろうか? 与えられた漸近級数の和を改めて展開したら元の級数にもどるだろうか? $(\mathbf{B}^*)$-総和法の精密化として次の定理がある.復元を保証するために,複素変数関数としての正則性が要求されている.

定理 4.4 (Watson-Nevanlinna-Sokal[*3]) 円板 $\mathsf{D}_R := \{z \mid \operatorname{Re} z^{-1} > R^{-1}\}$ (図 4.1) 上で,$f(z)$ は正則で,かつ漸近展開

$$f(z) = \sum_{n=0}^{N} a_n z^n + R_N(z) \quad |R_N(z)| \leq A\kappa^{N+1}(N+1)!|z|^{N+1} \tag{4.39}$$

$(N=1,2,\cdots)$ をもつならば,それからつくった Borel 級数

$$B(\sigma) := \sum_{n=0}^{\infty} \frac{a_n}{n!} \sigma^n \tag{4.40}$$

に対して次の命題が成り立つ.ただし,R_+ は実軸の正の部分を意味する:

[*3] Watson, G. N., A Theory of Asymptotic Series, Phil. Trans. Roy. Soc. London, **211** (1912), 279–313.

Nevanlinna, F., Zur Theorie der Asymptotischen Potenzreihen, Ann. Acad. Sci. Fen. Ser., **A12** No. 3, (1918–19). ただし,参照できたのは次のレヴューのみ:Jahrb. Fort. Meth., **46** (1916–18), 1463.

Sokal, A. D., An Improvement of Watson's Theorem on Borel Summability, J. Math. Phys., **21** (1980), 261–263. p. 104 の注意を参照.

第 4 章　発散級数の解釈

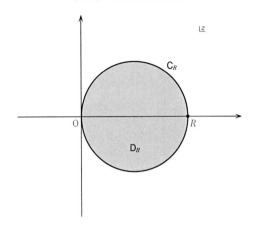

図 4.1　$D_R = \{\rho e^{i\phi} \mid \rho < R\cos\phi,\ -\pi/2 \leqq \phi \leqq \pi/2\}$ は原点 O で虚軸に接する半径 $R/2$ の円の内部．その周を C_R とする．

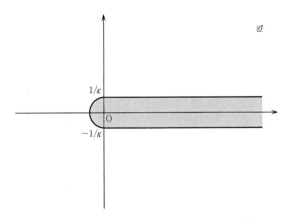

図 4.2　S_κ：実軸の正の部分 R_+ からの距離 $\mathrm{dist}\,(\sigma, R_+)$ が $1/\kappa$ である点 σ の全体．

(1) $|\sigma| < 1/\kappa$ で収束する
(2) 半帯状領域 $S_\kappa := \{\sigma \mid \mathrm{dist}(\sigma, R_+) < 1/\kappa\}$（図 4.2）に解析接続される
(3) $|B(\sigma)| \leqq K e^{|\sigma|/R}$, $\sigma \in S_{\kappa'}$ ($\kappa' > \kappa$) のようにおさえられる（K はある定数）
(4) Laplace 変換によって $f(z)$ を再生する：

$$f(z) = \frac{1}{z}\int_0^\infty B(\sigma) e^{-\sigma/z}\,d\sigma \qquad (z \in D_R) \qquad (4.41)$$

§4.5 総和法と解析性

逆に，与えられた級数 $\sum a_n z^n$ からつくった Borel 級数 $B(\sigma)$ が，ある κ'' に対して $\mathsf{S}_{\kappa''}$ 上で正則で，上の (3) をみたすなら，(4.41) によって構成される $f(z)$ は D_R で正則で，$\kappa \geqq \kappa''$ の (4.39) をみたす．

［証明］　準備として，任意の r に対して公式

$$I_n := \frac{1}{2\pi i} \oint_{\mathsf{C}_r} z^{n-1} e^{1/z} \, dz = \frac{1}{n!} \tag{4.42}$$

を証明しておく．C_r は円板 D_r の周である (図 4.1)．

$1/z = \zeta = \xi + i\eta$ とおけば，C_r は ζ 平面上の直線 $\xi = 1/r$ に写される．実際，C_r 上では $1/z = \rho^{-1} e^{-i\phi}$ の実数部分 ξ は $\mathrm{Re}\, 1/z = \rho^{-1} \cos\phi = 1/r$ である．$\rho = r\cos\phi$ から虚数部分は

$$\eta = -\frac{1}{\rho} \sin\phi = -\frac{1}{r} \tan\phi$$

となり，ϕ が $-\pi/2$ から $\pi/2$ まで変わるとき η は $-\infty$ から ∞ まで変わる．そこで

$$\frac{1}{z} = \frac{1}{r} + i\eta$$

とおいて積分変数を η に変えれば

$$I_n = \frac{1}{2\pi i^{n+1}} \int_{-\infty}^{\infty} \frac{1}{(\eta - i/r)^{n+1}} e^{i(\eta - i/r)} \, d\eta = \frac{1}{n!}$$

が得られる．この結果は C_r の直径 r によらない——被積分関数の解析性から当然である．(4.42) で $e^{1/z}$ を $e^{t/z}$ $(t > 0)$ に替えると積分は $t^n/n!$ となる．

さて，命題 (1) は (4.39) から $a_n \leqq A' \kappa^n (n+1)!$ がでるので明らか．(2)，(3) を証明するために，$0 < r < R$ とし，$n = 0, 1, \cdots$ に対して

$$b_n(\sigma) := a_n + \frac{1}{2\pi i} \oint_{\mathsf{C}_r} \frac{1}{z^{n+1}} \left(f(z) - \sum_{k=0}^{n} a_k z^k \right) e^{\sigma/z} \, dz \quad (\sigma > 0) \tag{4.43}$$

とおく．被積分関数は，(4.39) により C_r 上で絶対値において

$$\left| \frac{1}{z^{n+1}} R_n(z) e^{\sigma/z} \right| \leqq A \kappa^{n+1} (n+1)! e^{\sigma/r}$$

でおさえられるから積分は絶対収束であり，$f(z)$ が D_R 上で正則だから積分

路 C_r を $r<R$ の範囲で変えても値は変わらない．すなわち，r に無関係である．r を R に近くとって積分したとすれば

$$|b_n(\sigma)| \leqq K_1 \kappa^{n+1}(n+1)!\, e^{\sigma/R} \quad (K_1 \text{ は } \sigma, n \text{ に無関係}) \quad (4.44)$$

となる．さらに

$$\frac{d}{d\sigma} b_n(\sigma) = \frac{1}{2\pi i} \oint_{C_r} \frac{1}{z^{n+2}} \left(f(z) - \sum_{k=0}^{n} a_k z^k \right) e^{\sigma/z}\, dz$$

において

$$f(z) - \sum_{k=0}^{n} a_k z^k = a_{n+1} z^{n+1} + f(z) - \sum_{k=0}^{n+1} a_k z^k$$

の右辺の第 1 項は (4.42) により a_{n+1} として取りだせるので

$$\frac{d}{d\sigma} b_n(\sigma) = b_{n+1}(\sigma) \quad (n = 0, 1, 2, \cdots) \quad (4.45)$$

が得られる．(4.43) で $n=0$ とおけば，(4.42) を用いて

$$b_0(\sigma) = \sum_{n=0}^{N} \frac{a_n}{n!} \sigma^n + \frac{1}{2\pi i} \oint_{C_r} R_N(z) \frac{1}{z} e^{t/z}\, dz. \quad (4.46)$$

この R_N の項が $N \to \infty$ で 0 となることを示そう．そのために，与えられた σ に対して $N > \sigma/R$ にとる．すると $r = \sigma/N$ としても $r < R$ である．このとき，(4.39) により

$$\left| \frac{1}{2\pi i} \oint_{C_{\sigma/N}} R_N(z) \frac{1}{z} e^{\sigma/z}\, dz \right| \leqq A \kappa^{N+1}(N+1)! \left(\frac{\sigma}{N} \right)^N e^N \pi \frac{\sigma}{N}$$

となる．$\pi\sigma/N$ は $C_{\sigma/N}$ の円周の長さである．右辺は，Stirling の公式

$$(N+1)! = \sqrt{2\pi} N^{N+1/2} e^{-N} \left\{ 1 + O\left(\frac{1}{N} \right) \right\}$$

を——$\{\cdots\}$ を 2 でおきかえて——用いれば，$N^{-1/2}(\kappa\sigma)^N$ の定数倍でおさえられ，$\sigma < 1/\kappa$ なら $N \to \infty$ で消えることが分かる．この範囲で $b_0(\sigma)$ は Borel 級数 $B(\sigma)$ に等しいのである．そして，正則でもある．

さらに，(4.44) によれば，任意の $\sigma_0 > 0$ に対する

$$B_{\sigma_0}(\sigma) := \sum_{n=0}^{\infty} \frac{b_n(\sigma_0)}{n!} (\sigma - \sigma_0)^n$$

は円板 $|\sigma - \sigma_0| < 1/\kappa$ の上で収束し，正則関数を定義する．σ_0 を正の実軸上に

§4.5 総和法と解析性

動かしてゆくとき，これらは (4.45) により実軸上では $b_0(\sigma)$ の展開になっており，正則性から円板が重なり合うところで一致することがわかる．こうして，命題 (2), (3) が証明された．

命題 (4) を証明するには，$n=0$ の (4.43) を (4.41) の右辺のように Laplace 変換する：

$$L(z) := a_0 + \frac{1}{z}\int_0^\infty d\sigma\, e^{-\sigma/z}\frac{1}{2\pi i}\oint_{C_r}[f(z')-a_0]\frac{1}{z'}e^{\sigma/z'}\,dz'.$$

ここで，$[f(z')-a_0]/z'$ は正則性から C_r 上で有界だから，

$$\left|e^{-\sigma(z^{-1}-z'^{-1})}\right| = e^{-\sigma(\operatorname{Re} z^{-1}-r^{-1})}$$

の $\operatorname{Re} z^{-1} > r^{-1}$ にとれば二重積分は絶対収束となり，順序の変更ができて

$$L(z) = a_0 + \frac{1}{2\pi i}\oint_{C_r}\frac{1}{z'-z}[f(z')-a_0]\,dz' \qquad \left(\operatorname{Re}\frac{1}{z} > \frac{1}{r}\right)$$

となり，これは $f(z)$ に等しい．r は R まで大きくとれるから命題 (4) が証明された．

定理の「逆」の部分を証明するには，(4.41) を部分積分する．まず

$$zf(z) := \left[-ze^{-\sigma/z}B(\sigma)\right]_{\sigma=0}^\infty + z\int_0^\infty e^{-\sigma/z}\frac{d}{d\sigma}B(\sigma)d\sigma$$

において，仮定から $|B(\sigma)|$ は $Ke^{|\sigma|/R}$ でおさえられるから，$\operatorname{Re} z^{-1} > R^{-1}$ で

$$f(z) = B(0) + \int_0^\infty e^{-\sigma/z}\frac{d}{d\sigma}B(\sigma)d\sigma$$

が成り立つ．そして，$B(0)$ は，その構成から a_0 に等しい．この論法を続けて

$$f(z) = B(0) + \frac{dB}{d\sigma}\bigg|_{\sigma=0}z + \cdots + \frac{d^N B}{d\sigma^N}\bigg|_{\sigma=0}z^N + z^N\int_0^\infty e^{-\sigma/z}\frac{d^{N+1}B}{d\sigma^{N+1}}d\sigma \tag{4.47}$$

を出し，(4.39) を得るためには，$B(\sigma)$ と同様に高次導関数も抑えられることを確かめればよい．それには，$B(\sigma)$ の正則性により Cauchy の積分表示

$$\frac{d^n}{d\sigma^n}B(\sigma) = \frac{n!}{2\pi i}\oint_\Gamma \frac{B(\sigma')}{(\sigma'-\sigma)^{n+1}}\,d\sigma'$$

を用いる．積分路 Γ は σ を囲むように $S_{\kappa''}$ 内にとるのだから，大きい σ に対

する $B(\sigma)$ の振舞いが導関数に遺伝することは明らかである.

注意 Watson は $f(z)$ の正則性を円板 $\operatorname{Re} z^{-1} > R^{-1}$ の上でなく,角領域 $|\arg z| < (\pi/2)+\varepsilon, |z| < R$ に対して仮定した.しかし,Borel 級数の変換で $f(z)$ が再生されるのは $\operatorname{Re} z^{-1} > R^{-1}$ の上だけであったから,Sokal は正則性の仮定が広すぎる領域に対してなされていると批判し,上に定理として述べた結果を得た.実は,それより先に Nevanlinna がより一般的な定理を得ていたのである.すなわち:

$f(z)$ は $\operatorname{Re} z^k > \gamma^k$ ($\gamma > 0,\ k > 0$) において正則で,漸近展開 $f(z) \sim \sum_{n=0}^{\infty} a_n/z^n$ をもつとする.さらに,任意に小さい ε と,任意の $\rho' > \rho$ に対して

$$\left| z^N \left(f(z) - \sum_{n=1}^{N-1} \frac{a_n}{z^n} \right) \right| < \Gamma\left(\frac{N}{k}+1\right) \rho'^N \quad (\operatorname{Re} z^k \geqq \gamma^k + \varepsilon)$$

が十分に大きな N に対して成り立つならば,

$$F(\sigma) = \sum_{n=1}^{\infty} a_n z^{n/k} \Big/ \Gamma\left(\frac{n}{k}+1\right)$$

は $|\sigma| < 1/\rho^k$ で収束し,$\arg z^{1/k} = 0$ に対応する分枝が実軸の正の部分にそって解析接続される.そして,その Laplace 変換

$$f(z) = z^k \int_0^{\infty} F(\sigma) e^{-z^k \sigma} d\sigma$$

として $f(z)$ は再生される.

なお,巻末の参考書 [15] も参照.

例 4.11 漸近級数 (4.22) に対応する Borel 級数 $B(\sigma) = 1/(1+\sigma)$ は Watson–Nevanlinna–Sokal の定理の「逆」の部分の仮定を任意に大きな R と $\kappa'' = 1$ でみたしている.それから構成された (4.41) は,確かに $\bigcup_{R \in \mathbf{R}_+} \mathsf{D}_R = ($右半平面$)$ において正則で,漸近展開すれば (4.22) に戻り,$\kappa > 1$ の (4.39) をみたす. □

例 4.12
$$\frac{1}{1-z} = 1 + z + z^2 + \cdots$$

は,$R = 1$ の円板 D_R 上で正則であり,その級数展開に対応する Borel 級数

$$B(\sigma) = \sum_{n=0}^{\infty} \frac{1}{n!} \sigma^n = e^{\sigma}$$

は確かに $R = 1$ の $|B(\sigma)| \leqq K e^{|\sigma|/R}$ を $K = 1$ でみたす. □

例 4.13 級数

$$J(z) = 1 - \frac{2!}{1!} z^2 + \frac{4!}{2!} z^4 + \cdots \tag{4.48}$$

§4.5 総和法と解析性

を $1+0-(2!/1!)z^2+0+(4!/2!)z^4+\cdots$ の形の級数, すなわち

$$J(z) = \sum_{n=0}^{\infty} a_n z^n \quad \left(a_n := (-1)^{n/2}\frac{1+(-1)^n}{2}\frac{n!}{(n/2)!}\right)$$

と見れば, Borel 級数は

$$B(\sigma) = \sum_{m=0}^{\infty} \frac{(-\sigma^2)^m}{m!} = \mathrm{e}^{-\sigma^2}$$

となる. これは全平面で(無限遠を除き)正則で, $K=\mathrm{e}^{1/\kappa^2}$ にとれば

$$\left|\mathrm{e}^{-\sigma^2}\right| \leqq \mathrm{e}^{(\mathrm{Im}\,\sigma)^2} \leqq K \quad (\sigma \in \mathsf{S}_\kappa)$$

が成り立つから, 定理の「逆」の条件は $R=\infty$ でみたされている. したがって, $z\in\mathsf{D}_\infty$, すなわち $\mathrm{Re}\,z>0$ に対して

$$J(z) = \frac{1}{z}\int_0^\infty \mathrm{e}^{-\sigma^2}\mathrm{e}^{-\sigma/z}\mathrm{d}\sigma$$

となる. 積分変数を $u=\sigma+1/(2z)$ に変えれば

$$J(z) = \frac{1}{z}\mathrm{e}^{1/(4z^2)}\left\{\frac{\sqrt{\pi}}{2} - \int_0^{1/(2z)} \mathrm{e}^{-u^2}\mathrm{d}u\right\} \quad (\mathrm{Re}\,z>0) \qquad (4.49)$$

とも書ける. これは右半平面上で正則である.

ところで, 元の級数(4.48)は $z\to-z$ と変換しても変らない. したがって, 左半平面上での和も正則なはずであり, z が負の実数 x であるときの和は, $\mathrm{Re}\,z>0$ に対する上の表式で z を $-x>0$ とおけば得られるはずである. ゆえに, 実軸からの解析接続により, 左半平面上での表式

$$J(z) = \frac{1}{-z}\mathrm{e}^{1/(4z^2)}\left\{\frac{\sqrt{\pi}}{2} - \int_0^{1/(-2z)} \mathrm{e}^{-u^2}\mathrm{d}u\right\} \quad (\mathrm{Re}\,z<0)$$

が導かれる. 積分変数 u を $-u$ に変換して

$$J(z) = \frac{1}{z}\mathrm{e}^{1/(4z^2)}\left\{-\frac{\sqrt{\pi}}{2} + \int_0^{1/(2z)} \mathrm{e}^{-u^2}\mathrm{d}u\right\} \quad (\mathrm{Re}\,z<0). \qquad (4.50)$$

左右の半平面上での表式を比べると, 同じ形の級数(4.48)が $(\sqrt{\pi}/2)\mathrm{e}^{1/(4z^2)}/z$ だけ異なる解析関数を表わしていたことがわかる. □

上の結果は, Watson–Nevanlinna–Sokal の定理を原点に関して点対称の形に書きかえて得る式

$$f(z) = -\frac{1}{z}\int_0^\infty B(\sigma)e^{\sigma/z}\,d\sigma \quad (z \in \mathsf{D}'_R) \tag{4.51}$$

からもでる．ここに，$\mathsf{D}'_R := \{z\,|\,\mathrm{Re}\,z^{-1} < -R^{-1}\}$．

演習問題

4.1 級数の項の間に 0 をはさむことを薄める (to dilute) という．$1+0-1+1+0-1+\cdots$ の Abel 和は $2/3$ であることを示せ．他の総和法ではどうなるか？

4.2 級数 $1-z+z^2-\cdots$ は (C,1) でも総和可能で，和は (A) によるものと一致することを確かめよ．(A)-総和法を用いて例 4.4 で出会った Fourier 級数のパラドックスは (C,1) ではどうなるか？ ただし，$|z| \leqq 1$ とする．

4.3 総和法に要求したい性質として，Hardy は線形性 (4.11) のほかに
$$a_0+a_1+a_2+\cdots = S \implies a_1+a_2+\cdots = S-a_0$$
をあげている．この性質をもたない総和法はあるだろうか？

4.4 非負の整数 k を固定して $A_n^{(k)} := {}_{k+n}C_n$ とおき，級数 $\sum a_n$ に対して
$$C_\sigma^{(k)} := \left\{\sum_{n=0}^\sigma A_{\sigma-n}^{(k-1)} s_n\right\} \Big/ A_\sigma^{(k)} \quad (\sigma = 1,2,\cdots)$$
が $\sigma \to \infty$ の極限をもつとき，それを $\sum a_n$ の (C,k)-和という：
$$\sum_{\nu=0}^\infty a_\nu = \lim_{\sigma\to\infty} C_\sigma^{(k)} \quad (\mathrm{C},k).$$
(C,k)-総和法が正則性，拡張性をもつことを示せ．(C,0)-総和可能な級数は収束すること，$k=1$ の場合は本文に定義した (C,1)-総和法に一致することを確かめよ．

4.5 (B)-総和法で用いる級数 $\sum_{n=0}^\infty s_n \dfrac{\sigma^n}{n!}$ の収束半径が ∞ なら，(B')-総和法で用いる級数 $B(\sigma) = \sum_{n=0}^\infty a_n \dfrac{\sigma^n}{n!}$ の収束半径も ∞ であることを証明せよ．

4.6 級数 $\sum a_n$, $\sum b_n$ がそれぞれ総和可能ならば $\sum (a_n+b_n)$ も総和可能であるといえるだろうか？ Borel 総和法についてまず考えよ．

4.7 $\int_0^\infty f(x)\,dx$ が発散するとき，級数の総和法にならって
$$\lim_{x\to\infty}\frac{1}{x}\int_0^x dt\int_0^t ds\,f(s) = \lim_{x\to\infty}\frac{1}{x}\int_0^x (x-s)f(s)\,ds$$
または

演習問題

$$\lim_{\varepsilon\downarrow 0}\int_0^\infty f(x)\mathrm{e}^{-\varepsilon x}\,\mathrm{d}x$$

が存在して S ならば，それぞれ

$$\int_0^\infty f(x)\,\mathrm{d}x = S \quad (\mathrm{C},1) \text{ または } (\mathrm{A})$$

であるという．これらの意味で次の関数の $(0,\infty)$ にわたる積分を試みよ．積分と微分の順序は交換できるか？

$$\mathrm{e}^{\mathrm{i}kx}, \quad \cos kx, \quad \sin kx, \quad \cos^2 kx, \quad x^n \cos kx, \quad x^n \sin kx$$

$$\sin kx - \frac{1}{1!}x\sin kx + \cdots + \frac{(-1)^n}{n!}x^n \sin kx + \cdots,$$

$$\cos kx - \frac{1}{1!}x^2 \cos kx + \cdots + \frac{(-1)^n}{n!}x^{2n}\cos kx + \cdots$$

4.8 関数項の級数

$$\sum f_n(x) \qquad (x \in \mathsf{D})$$

において，もし

$$\int_0^\sigma \mathrm{e}^{-t}\sum_{n=0}^\infty f_n(x)\frac{t^n}{n!}\,\mathrm{d}t \quad (\sigma \to \infty) \text{ が } \mathsf{D} \text{ 上で一様収束}$$

なら $\sum_{n=0}^\infty f_n(x)$ は D 上で (B)-一様総和可能であるという．$\sum_{n=0}^\infty a_n = S\ (B')$ ならば

$$\sum_{n=0}^\infty a_n x^n \text{ は } [0,1] \text{ 上で (B)-一様総和可能}$$

であり，かつ

$$\sum_{n=0}^\infty a_n x^n = s(x)\ (B) \text{ は } x=1 \text{ で左連続，すなわち} \lim_{x \to 1-0} s(x) = S$$

であることを示せ．

4.9 $c = |c|\mathrm{e}^{\mathrm{i}\alpha}$ を実部 > 0 の複素数とする．

$$f(z) = \frac{1}{c-z} = \sum_{n=0}^\infty \frac{z^n}{c^{n+1}}$$

の右辺の級数には Watson–Nevanlinna–Sokal の定理が適用できて

$$f(z) = \frac{1}{cz}\int_0^\infty \mathrm{e}^{-(z^{-1}-c^{-1})\sigma}\mathrm{d}\sigma \quad (z \in \mathsf{D}_c)$$

となる．一方，その級数に (B*) 総和法を適用すれば

$$f(z) = \frac{1}{c}\int_0^\infty e^{-(1-z/c)\tau}\,d\tau \quad (z \in \mathsf{H}_c)$$

となる．ここに

$$\mathsf{D}_c := \left\{z \;\middle|\; \mathrm{Re}\left(\frac{1}{z}-\frac{1}{c}\right) > 0\right\}, \quad \mathsf{H}_c := \left\{z \;\middle|\; \mathrm{Re}\left(\frac{z}{c}\right) < 1\right\}$$

である．D_c は，複素平面上でベクトル c と $\bar{c}$ の先端および原点をとおる円の内部，H_c はベクトル c の先端をとおり，これに直交する直線の原点側を意味している．以上を確かめよ．

二つの表現は $z \in \mathsf{D}_c \cap \mathsf{H}_c$ に対して同等であり，互いに他の解析接続を与えることを示せ．

4.10 $\{c_p, \gamma_p\}$ を 0 でない複素定数とする．(B*)-総和法を $\sum_{p=1}^N \dfrac{\gamma_p}{c_p - z}$ に適用し，複素 z 平面上の領域 $\bigcap_{p=1}^N \mathsf{H}_{c_p}$ 内の正則関数が得られることを示せ(H_c は前問で定義した)．この領域を Borel の**総和可能多角形**(polygon of summability)という．

4.11 例 4.13 を (B*)-総和法によって調べよ．

第5章
Padé 近似

§5.1 Padé 近似

(a) 漸近級数の総和法

関数 $F(z)$ の形式的(発散することもある)ベキ展開

$$F(z) = a_0 + a_1 z + \cdots \tag{5.1}$$

を与えられて，$P_m(z)/Q_n(z)$ の形に $F(z)$ を近似的に復元することを考える．ここに $P_m(z)$ は m 次の，$Q_n(z)$ は n 次の多項式とし

$$(a_0 + a_1 z + \cdots) Q_n(z) - P_m(z) = c_1 z^{m+n+1} + c_2 z^{m+n+2} + \cdots \tag{5.2}$$

となるものとする．$c_1, c_2, \cdots$ は適当な定数である．この $P_m(z)/Q_n(z)$ を $F(z)$ の $[n,m]$ **Padé** 近似という[*1]．漸近級数の総和法の一つである．

$$P_m(z) = p_0 + p_1 z + \cdots + p_m z^m, \quad Q_n(z) = q_0 + q_1 z + \cdots + q_n z^n \tag{5.3}$$

とし，(5.2)の左辺で z^{m+1} から z^{m+n} までの係数を見ると

$$\sum_{k=0}^{n} a_{m+j-k} q_k = 0 \quad (j = 1, 2, \cdots, n) \tag{5.4}$$

[*1] Baker Jr., G. A., The Theory and Application of the Padé Approximation Method, Adv. in Theor. Phys., **1** (1965), 1–58.

Baker Jr., G. A., The Padé Approximation in Theoretical Physics, Academic Press, 1970.

Baker Jr., G. A., Graves-Morris, P. and Carruthers, P. A., Padé Approximants, I, II, Encyclopedia of Mathematics and its Applications, Addison-Wesley, 1981.

Brezinski, C., ed., Continued Fractions and Padé Approximants North-Holland, 1990.

Bender, C. M. and Orszag, S. A., Advanced Mathematical Methods for Scientists and Engineers, Asymptotic methods and perturbation theory, Springer, 1999.

が成り立つ．また，z^0 から z^m までの係数に対しては

$$\sum_{k=0}^{\min\{l,n\}} a_{l-k}q_k - p_l = 0 \qquad (l=0,1,\cdots,m) \tag{5.5}$$

が成り立つ．

(5.4)は未知数 $q_0, q_1\cdots, q_n$ に対する n 個の斉次1次方程式だから，係数の行列の位数が $n-1$ 以下となる例外的な場合を別として，$q_0,\cdots,q_n$ の比が定まる．あるいは $q_0=1$ とすれば

$$\sum_{k=1}^{n} a_{m+j-k}q_k = -a_{m+j} \qquad (j=1,2,\cdots,n) \tag{5.6}$$

から，係数の行列式が 0 でないとして $q_1,\cdots,q_n$ が定まる．すると，(5.5)から $p_0,\cdots,p_m$ が定まる．こうして，条件(5.2)によって $P_m(z), Q_n(z)$ が一意に決定される．

いま，特に $m=n=2$ の場合を考えてみよう．(5.6)は

$$\begin{pmatrix} a_2 & a_1 \\ a_3 & a_2 \end{pmatrix} \begin{pmatrix} q_1 \\ q_2 \end{pmatrix} = \begin{pmatrix} -a_3 \\ -a_4 \end{pmatrix}$$

となるから

$$q_1 = -\frac{1}{D}\begin{vmatrix} a_3 & a_1 \\ a_4 & a_2 \end{vmatrix}, \quad q_2 = -\frac{1}{D}\begin{vmatrix} a_2 & a_3 \\ a_3 & a_4 \end{vmatrix}, \quad D = \begin{vmatrix} a_2 & a_1 \\ a_3 & a_2 \end{vmatrix}$$

を得る．したがって，比 $P_2(x)/Q_2(x)$ をつくると約分されてしまう $-1/D$ は省いて

$$Q_2(z) = \begin{vmatrix} a_1 & a_2 \\ a_2 & a_3 \end{vmatrix} - z\begin{vmatrix} a_1 & a_3 \\ a_2 & a_4 \end{vmatrix} + z^2\begin{vmatrix} a_2 & a_3 \\ a_3 & a_4 \end{vmatrix}$$

$$= \begin{vmatrix} a_1 & a_2 & a_3 \\ a_2 & a_3 & a_4 \\ z^2 & z & 1 \end{vmatrix}$$

となり，同様にして

$$P_2(z) = \begin{vmatrix} a_1 & a_2 & a_3 \\ a_2 & a_3 & a_4 \\ a_0 z^2 & a_0 z + a_1 z^2 & a_0 + a_1 z + a_2 z^2 \end{vmatrix}$$

となる．

一般には，P_m, Q_n に共通な $-1/D$ を省き，$m-n=j$ と書いて，さらに P_m, Q_n を $P_n^{(j)}, Q_n^{(j)}$ と書くことにし

$$P_n^{(j)}(z) = \begin{vmatrix} a_{j+1} & a_{j+2} & \cdots & a_{j+n+1} \\ a_{j+2} & a_{j+3} & \cdots & a_{j+n+2} \\ \vdots & \vdots & \ddots & \vdots \\ a_{j+n} & a_{j+n+1} & \cdots & a_{j+2n} \\ \sum_{k=n}^{n+j} a_{k-n}z^k & \sum_{k=n-1}^{n+j} a_{k-n+1}z^k & \cdots & \sum_{k=0}^{n+j} a_k z^k \end{vmatrix},$$
(5.7)

$$Q_n^{(j)}(z) = \begin{vmatrix} a_{j+1} & a_{j+2} & \cdots & a_{j+n+1} \\ a_{j+2} & a_{j+3} & \cdots & a_{j+n+2} \\ \vdots & \vdots & \ddots & \vdots \\ a_{j+n} & a_{j+n+1} & \cdots & a_{j+2n} \\ z^n & z^{n-1} & \cdots & 1 \end{vmatrix}$$

となる．ただし，和 $\sum_{k=a}^{b}$ の上限 b が下限 a より小さい場合には，その和は 0 とおく．また，$i<0$ の a_i は 0 とおく．

例 5.1 $e^x = 1 + \frac{1}{1!}x + \frac{1}{2!}x^2 + \cdots$．これは，展開が収束する例であるが，Padé 近似 $[2,2], [3,3], [4,4]$ を 6 次までの Taylor 展開と比較して図 5.1 に示す．6 次までの Taylor 展開の係数を知れば $[3,3]$ Padé 近似までがつくれる． □

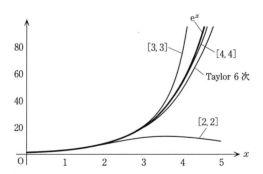

図 5.1 e^x の Padé 近似 $[2,2], [3,3], [4,4]$．真の関数 e^x および 6 次までの Taylor 展開との比較．

(b) **Stieltjes 関数**

t の増大とともに非減少な実数値関数 $\rho(t)$ により

$$F(z) = \int_0^\infty \frac{\mathrm{d}\rho(t)}{1+tz} \tag{5.8}$$

と表わされる関数を **Stieltjes** 関数という. $\rho(t)$ に不連続点

$$\rho(t) = \begin{cases} c_- & (t \uparrow b) \\ c_+ & (t \downarrow b) \end{cases} \qquad (c_+ - c_- > 0) \tag{5.9}$$

があれば, そこでは

$$\mathrm{d}\rho(t) = (c_+ - c_-)\delta(t-b)\mathrm{d}t \tag{5.10}$$

となり, $F(z)$ は負の実軸上に極

$$F(z) \sim \frac{c_+ - c_-}{1+bz} \tag{5.11}$$

をもつ.

(5.8)を z について(収束・発散を問わず)形式的に展開すると

$$F(z) = \sum_{k=0}^\infty (-z)^k f_k, \qquad f_k = \int_0^\infty t^k \mathrm{d}\rho(t) \tag{5.12}$$

となる. これを Stieltjes 級数という. この形式的な展開係数 $\{f_k\}$ が与えられて Padé 近似 $P_n^{(j)}/Q_n^{(j)}$ の形で $F(z)$ を近似的に復元することを考える. Padé 近似の理論が最も進んでいるのは Stieltjes 関数に関してであるから, われわれも以下, この関数について論ずる.

Stieltjes 関数の場合, $\{f_k\}$ から $F(z)$ をもとめる問題を (5.12) の $\rho(t)$ をもとめる問題と見れば, いわゆるモーメント問題となる.

展開 (5.12) は (5.1) で $z \to -z$ としたものであるから, (5.7) は

$$P_n^{(j)}(z) = \begin{vmatrix} f_{j+1} & f_{j+2} & \cdots & f_{j+n+1} \\ f_{j+2} & f_{j+3} & \cdots & f_{j+n+2} \\ \vdots & \vdots & \ddots & \vdots \\ f_{j+n} & f_{j+n+1} & \cdots & f_{j+2n} \\ \sum_{k=n}^{j+n}(-z)^k f_{k-n} & \sum_{k=n-1}^{j+n}(-z)^k f_{k-n+1} & \cdots & \sum_{k=0}^{j+n}(-z)^k f_k \end{vmatrix},$$
$$\tag{5.13}$$

$$Q_n^{(j)}(z) = \begin{vmatrix} f_{j+1} & f_{j+2} & \cdots & f_{j+n+1} \\ \vdots & \vdots & \ddots & \vdots \\ f_{j+n} & f_{j+n+1} & \cdots & f_{j+2n} \\ (-z)^n & (-z)^{n-1} & \cdots & 1 \end{vmatrix}$$

§5.1 Padé 近似

となる.

(5.13) の $Q_n^{(j)}(z)$ について,第 2 列を z 倍して第 1 列に加え,第 3 列を z 倍して第 2 列に加え,… とすると

$$Q_n^{(j)}(z) = \begin{vmatrix} f_{j+1}+f_{j+2}z & f_{j+2}+f_{j+3}z & \cdots & f_{j+n}+f_{j+n+1}z \\ f_{j+2}+f_{j+3}z & f_{j+3}+f_{j+4}z & \cdots & f_{j+n+1}+f_{j+n+2}z \\ \vdots & \vdots & \ddots & \vdots \\ f_{j+n}+f_{j+n+1}z & f_{j+n+1}+f_{j+n+2}z & \cdots & f_{j+2n-1}+f_{j+2n}z \end{vmatrix} \tag{5.14}$$

となる.

以後はもっぱら (5.13) を用いて議論するが,(5.7) の議論にしたければ $z \to -z$ とすればよい.

例 5.2 Padé 近似を第 1 章の (1.4) の例

$$G(z) = \int_0^\infty \frac{e^{-t}}{1+zt} dt \tag{5.15}$$

に適用してみよう. $\rho(t) = 1-e^{-t}$ による Stieltjes 関数である. これは $z=0$ のまわりに形式的に展開すると発散級数となるが,しかし $z \to 0$ での漸近級数 [第 1 章の (1.7)] を与えるものである. □

実数 $z=x>0$ では図 5.2 に見るとおり,[2,2], [3,3] 近似が既にかなりよい近似を与えている. $G(x)$ のグラフは数値積分によって描いた. j を固定して $n \to \infty$ とした Padé 近似 $[n, n+j]$ の収束については後に述べる.

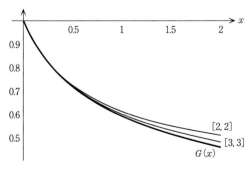

図 **5.2** 実数 $z=x>0$ における $G(x)$ とその [2,2], [3,3] Padé 近似.

$x<0$ のときには,$G(z)$ が複素 z 平面上,負の実軸を切断線とすることを考慮しなければならない.切断線に上から近づく,すなわち $G(x+\mathrm{i}\varepsilon)$, $\varepsilon \downarrow 0$ を見るとすれば

$$\frac{1}{1+(x+\mathrm{i}\varepsilon)t} = \frac{1}{x}\frac{1}{t+1/(x+\mathrm{i}\varepsilon)} = \frac{1}{x}\frac{1}{t-\mathrm{i}\varepsilon'+(1/x)} \qquad (\varepsilon' = \varepsilon/x^2)$$

であるから,切断線の下を通る積分路 Γ で積分し,積分路を実軸に近づけると見ることができる.その結果,積分路は図 5.3 のようになる.よって

$$G(x) = \int_0^\infty \frac{\mathcal{P}}{1+xt}\mathrm{e}^{-t}\mathrm{d}t + \frac{\mathrm{i}\pi}{x}\mathrm{e}^{1/x} \qquad (x<0). \qquad (5.16)$$

$\mathcal{P}$ は積分の主値をとることを表わす.数値積分すると,$\mathrm{Re}\,G(x)$ は $x>0$ から $x<0$ の側へ滑らかにつながるグラフになる(図 5.4).

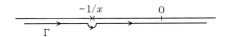

図 **5.3** 切断線の下側にずらした積分路 Γ を切断線に押しつける.

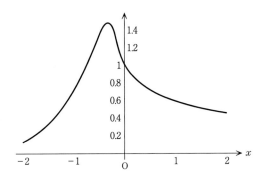

図 **5.4** $x>0$ では (5.15),$x<0$ では (5.16) の実数部分を示す.

それに引きかえ $[3,3]$ の $x<0$ における振舞い(図 5.5)は $G(x)$ に似ても似つかない.激しい上下動は $[3,3]$ の分母 $Q_3^{(0)}(x)$ のゼロ点 γ_l による.図 5.5 から,$x \sim -\gamma_l < 0$ では

$$G(x) \sim \frac{\gamma_l}{x+\gamma_l} \qquad (\gamma_l > 0) \qquad (5.17)$$

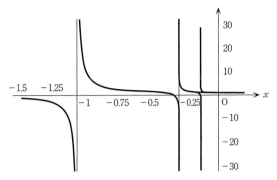

図 5.5 $G(z)$ の Padé 近似 $[3,3]$ の $x<0$ での振る舞い．負の x 軸上に極をもち，留数は正である．

の形である．これに複素 z 平面の上/下側から近づくと

$$G(x\pm i\varepsilon) \sim \gamma_l \frac{\mathcal{P}}{x+\gamma_l} \mp i\pi r_l \delta(x+\gamma_l) \tag{5.18}$$

となり，$Q_n^{(j)}(z)$ のゼロ点が $n\to\infty$ で負の x 軸上に密に並ぶと切断線に見えることになる．

§5.2 Padé 近似の収束

（a）準備

Padé 近似 $[n, n+j]$ が $n\to\infty$ で収束することを証明するため準備をする．

(1) $D(m,n)>0$ の証明

次の積分が収束するような任意の非減少関数 $\rho(t)$ による

$$f_q = \int_0^\infty t^q d\rho(t) \qquad (q=0,1,2,\cdots) \tag{5.19}$$

に対して

$$D(m,n) := \begin{vmatrix} f_m & f_{m+1} & \cdots & f_{m+n} \\ f_{m+1} & f_{m+2} & \cdots & f_{m+n+1} \\ \vdots & \vdots & \ddots & \vdots \\ f_{m+n} & f_{m+n+1} & \cdots & f_{m+2n} \end{vmatrix} > 0 \tag{5.20}$$

が成り立つことを示そう．

$D(m,n)$ の行列 $\mathcal{D}$ は実の対称な行列であるから,固有値はすべて実数である.ところが,任意の 0 でない実ベクトル $(x_0,x_1,\cdots,x_n)$ に対して

$$\sum_{p,q=0}^{n} f_{p+q+m} x_p x_q = \int_0^\infty t^m (x_0+x_1 t+\cdots+x_n t^n)^2 \mathrm{d}\rho(t) > 0 \tag{5.21}$$

が成り立つので $D(m,n)$ の行列 $\mathcal{D}$ の固有値はすべて正である.行列式 $D(m,n)$ の値は,すべての固有値の積であるから正である.

(2) **Jacobi の定理**

対称行列の行列式 A の k 行 l 列を取り除き符号 $(-1)^{k+l}$ をつけた行列式(余因子)を A_{kl} とし,k,l 行 k',l' 列を取り除き符号 $(-1)^{k+l+k'+l'}$ をつけた行列式(余因子)を $A_{k,l;\,k',l'}$ とするとき

$$A_{n,n} A_{n-1,n-1} - A_{n,n-1}^2 = A_{n,n-1;\,n,n-1} A \tag{5.22}$$

が成り立つ(Jacobi の定理).これを証明するには,行列式 A の行列を (a_{kl}) として,行列の積

$$\begin{pmatrix} 1 & \cdots & 0 & 0 & 0 \\ \vdots & \ddots & \vdots & \vdots & \vdots \\ 0 & \cdots & 1 & 0 & 0 \\ A_{n-1,1} & \cdots & A_{n-1,n-2} & A_{n-1,n-1} & A_{n-1,n} \\ A_{n,1} & \cdots & A_{n,n-2} & A_{n,n-1} & A_{n,n} \end{pmatrix} \begin{pmatrix} a_{11} & a_{12} & \cdots & a_{1,n} \\ a_{21} & a_{22} & \cdots & a_{2,n} \\ \vdots & \vdots & \ddots & \vdots \\ a_{n-1,1} & a_{n-1,2} & \cdots & a_{n-1,n} \\ a_{n,1} & a_{n,2} & & a_{n,n} \end{pmatrix}$$

$$= \begin{pmatrix} a_{11} & \cdots & a_{1,n-2} & a_{1,n-1} & a_{1,n} \\ \vdots & \ddots & \vdots & \vdots & \vdots \\ a_{n-2,1} & \cdots & a_{n-2,n-2} & a_{n-2,n-1} & a_{n-2,n} \\ 0 & \cdots & 0 & A & 0 \\ 0 & \cdots & 0 & 0 & A \end{pmatrix} \tag{5.23}$$

の行列式をとればよい.

(3) $Q_n^{(j)}(z)$ **のゼロ点**

(5.13)からつくった n 次代数方程式 $Q_n^{(j)}(z)=0$ の根はすべて実 x 軸の負の部分の上にあることを証明する.それには $Q_{n+1}^{(j)}(x)=0$ の根は,$Q_n^{(j)}(x)=0$ の根に 0 と $-\infty$ を加えた $0 > x_n^{(1)} > \cdots > x_n^{(n)} > -\infty$ の間にあることを $n=1$ から始めて順に証明してゆく.

まず,$n=1$ のときには

$$Q_1^{(j)}(x) = f_{j+1} + f_{j+2} x$$

であるから，そのゼロ点は，$f_{j+1}, f_{j+2} > 0$ なので
$$x_1 = -f_{j+1}/f_{j+2} < 0. \tag{5.24}$$

$n=2$ では，(5.14)を用いて
$$Q_2^{(j)}(x) = \begin{vmatrix} f_{j+1}+f_{j+2}x & f_{j+2}+f_{j+3}x \\ f_{j+2}+f_{j+3}x & f_{j+3}+f_{j+4}x \end{vmatrix} = B_{11}(x)B_{22}(x) - B_{12}(x)^2.$$

ただし，この行列式の kl 余因子を $B_{kl}(x)$ と書いた．これは (5.22) の $n=2$ の場合とみなすことができる．$Q_n^{(j)}$ で書けば
$$Q_1^{(j)}(x)B_{11}(x) - B_{12}(x)^2 = Q_2^{(j)}(x) \tag{5.25}$$

となり，$Q_1^{(j)}(x) = 0$ となる (5.24) においては $Q_2^{(j)}(x_1) < 0$ である．ところが $x=0$ においては $Q_2^{(j)}(0) = D_{j+1,1} > 0$ であって，連続関数である $Q_2^{(j)}(x)$ は x 軸上 $x=0$ と $x=x_1 < 0$ の間でゼロとなる．このゼロ点を $x_2^{(1)}$ としよう．

$x \to -\infty$ では (1) により $Q_2^{(j)}(x) \sim D(j+2,1)x^2 \to \infty$ であるから，さきの $Q_2^{(j)}(x_1) < 0$ を思い出せば $Q_2^{(j)}(x)$ は実軸上 $x < x_1$ のどこかでゼロとなる．このゼロ点を $x_2^{(2)}$ としよう．

これから先に進むには，(2) の Jacobi の等式 (5.22) が，いま
$$Q_n^{(j)}(x)B_{n-1,n-1}(x) - B_{n,n-1}(x)^2 = Q_{n-1}^{(j)}(x)Q_{n+1}^{(j)}(x) \tag{5.26}$$

と書けることに注意する．

$Q_n^{(j)}(x)$ のゼロ点を $n=1,2,\cdots$ に対して順に求め，n まできたとしよう．(1) から

$$Q_{n+1}^{(j)}(0) = D(j+1,n) > 0 \tag{5.27}$$

が知れ，(5.26) で $x = x_n^{(1)}$ とおくと $Q_{n-1}^{(j)}(x_n^{(1)})$ と $Q_{n+1}^{(j)}(x_n^{(1)})$ とは異符号であることがわかる．ところが，$Q_{n-1}^{(j)}(x)$ のゼロ点は $x_n^{(1)}$ より左にあるから $Q_{n-1}^{(j)}(x_n^{(1)}) > 0$ である．よって $Q_{n+1}^{(j)}(x_n^{(1)}) < 0$ となり，$x=0$ と $x_n^{(1)}$ の間に $Q_{n+1}^{(j)}(x)$ のゼロ点のあることがわかる．これを $x_{n+1}^{(1)}$ としよう．以下，同様に進んで $Q_n^{(j)}$ のゼロ点に関して図 5.6 のような結果が得られる．$Q_n^{(j)}(x)$ のゼロ点は $x_n^{(1)}$ から $x_n^{(n)}$ まで n 個が実軸の負の部分にある．そこ以外に $Q_n^{(j)}(x)$ のゼロ点はないことがわかった．

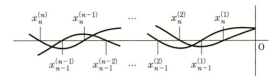

図 5.6　$Q_n^{(j)}(x)=0$ の根(上側)と $Q_{n-1}^{(j)}(x)=0$ の根(下側).

(b)　収束の証明

収束を示すためには

$$[n,n](x) - [n,n-1](x) = \frac{(-x)^{2n} D(0,n) D(1,n-1)}{Q_n^{(0)}(x) Q_n^{(-1)}(x)} \quad (5.28)$$

$$[n+1, n+1+j](x) - [n, n+j](x) = \frac{(-x)^{2n+1+j}\{D(1+j,n)\}^2}{Q_n^{(j)}(x) Q_{n+1}^{(j)}(x)} \quad (j=-1, 0)$$

(5.29)

を利用する．なお，(5.28)において準備(1)により

$$D(m,n) > 0 \quad (n, m = 0, 1, \cdots) \quad (5.30)$$

である.

(5.28), (5.29)を証明すべきところだが，一般の場合の証明は複雑なので演習問題にゆずり，ここでは $n=1, j=1$ の(5.29)を確かめるだけで満足しよう．$n=1, j=1$ の場合には，(5.29)の左辺には $[n+1, n+1+j]$ として

$$P_2^{(1)} = \begin{vmatrix} f_2 & f_3 & f_4 \\ f_3 & f_4 & f_5 \\ \sum_{k=0}^{1}(-x)^{k+2}f_k & \sum_{k=0}^{2}(-x)^{k+1}f_k & \sum_{k=0}^{3}(-x)^{k}f_k \end{vmatrix},$$

$$Q_2^{(1)} = \begin{vmatrix} f_2 & f_3 & f_4 \\ f_3 & f_4 & f_5 \\ (-x)^2 & -x & 1 \end{vmatrix} \quad (5.31)$$

の比と，$[n, n+j]$ として

$$P_1^{(1)} = \begin{vmatrix} f_2 & f_3 \\ \sum_{k=0}^{1}(-x)^{k+1}f_k & \sum_{k=0}^{2}(-x)^{k}f_k \end{vmatrix},$$

§5.2 Padé近似の収束

$$Q_1^{(1)} = \begin{vmatrix} f_2 & f_3 \\ -x & 1 \end{vmatrix} \tag{5.32}$$

の比が現れる．ここで

$$P_2^{(1)} = \begin{vmatrix} f_2 & f_3 \\ f_3 & f_4 \end{vmatrix} \sum_{k=0}^{3}(-x)^k f_k - \begin{vmatrix} f_2 & f_4 \\ f_3 & f_5 \end{vmatrix} \sum_{k=0}^{2}(-x)^{k+1} + \begin{vmatrix} f_3 & f_4 \\ f_4 & f_5 \end{vmatrix} \sum_{k=0}^{1}(-x)^{k+2} f_k \tag{5.33}$$

を

$$P_2^{(1)} = \{f_0 + f_1(-x) + f_2(-x)^2\} Q_2^{(1)} + R_2^{(1)} \tag{5.34}$$

と書きかえよう．ここに

$$R_2^{(1)} = f_3(-x)^3 \begin{vmatrix} f_2 & f_3 \\ f_3 & f_4 \end{vmatrix} - f_2(-x)^4 \begin{vmatrix} f_3 & f_4 \\ f_4 & f_5 \end{vmatrix}$$

である．こうすれば

$$\frac{P_2^{(1)}}{Q_2^{(1)}} = f_0 + f_1(-x) + f_2(-x)^2 + \frac{R_2^{(1)}}{Q_2^{(1)}} \tag{5.35}$$

となる．同様に

$$P_1^{(1)} = \{f_0 + f_1(-x) + f_2(-x)^2\} Q_1^{(1)} + R_1^{(1)} \tag{5.36}$$

とする．ここに

$$R_1^{(1)} = (-x)^3 f_2 f_3$$

である．こうすれば

$$\frac{P_1^{(1)}}{Q_1^{(1)}} = f_0 + f_1(-x) + f_2(-x)^2 + \frac{R_1^{(1)}}{Q_1^{(1)}} \tag{5.37}$$

となる．よって

$$\frac{P_2^{(1)}}{Q_2^{(1)}} - \frac{P_1^{(1)}}{Q_1^{(1)}} = \frac{1}{Q_1^{(1)} Q_2^{(1)}} \left(R_2^{(1)} Q_1^{(1)} - R_1^{(1)} Q_2^{(1)} \right)$$

$$= \frac{(-x)^4}{Q_2^{(1)} Q_1^{(1)}} \begin{vmatrix} f_2 & f_3 \\ f_3 & f_4 \end{vmatrix}^2 = \frac{(-x)^4 D(2,1)^2}{Q_2^{(1)} Q_1^{(1)}} \tag{5.38}$$

となり，これは(5.29)を例証している．

(5.29)の分母の$Q_{n+1}^{(j)}(x)$, $Q_n^{(j)}(x)$ は $x \geqq 0$ ではともに正である．なぜなら，これらのゼロ点はすべて負の x 軸上にあるので $x > 0$ において符号の変化はな

く，両者の $x = 0$ における値は正だからである．

さて，$x \geqq 0$ のとき，(5.29) によれば n が増大するとき

$$j = -1 : [n, n-1] \quad \text{は単調増大} \tag{5.39}$$
$$j = 0 : [n, n] \quad \text{は単調減少}$$

(5.28) から

$$[n, n] > [n, n-1]. \tag{5.40}$$

したがって，$[n, n]$ は単調減少だが，下に有界，$[n, n-1]$ は単調増大だが，上に有界，たとえば

$$[n, n] > [2, 1], \quad [1, 1] > [n, n-1] \tag{5.41}$$

なので，いずれも $n \to \infty$ で収束する．

注意 (5.39) のいう単調性が Stieltjes 関数以外では必ずしも成り立たないことは e^x の例 (図 5.1) が示している． □

$\{f_q\}$ を与えられて $[n, n+j]$ の極限を求めることは，モーメント問題

$$f_q = \int_0^\infty x^q \mathrm{d}\rho(x) \qquad (q = 0, 1, 2, \cdots) \tag{5.42}$$

の $\rho(x)$ をもとめる問題と考えることができる．その解が一意的であるための十分条件 (T. Carleman の判定条件) が知られている[*2]．すなわち

$$\sum_{n=1}^\infty f_n^{-1/2n} = \infty. \tag{5.43}$$

この条件がみたされていれば，$[n, n+j]$ は，j によらず同一の極限に収束する．

§5.3 Stieltjes 関数の判定条件

関数 $F(z)$ の展開を Padé 近似で処理しようとするとき，$F(z)$ が Stieltjes 関数であることが知れていれば，その Padé 近似の性質はよく調べられているので，これを安心して使うことができる．では，与えられた関数が Stieltjes 関数かどうか，どうしたら判定できるだろうか？

[*2] Shohat, J. A. and Tamarkin, J. D., The Problem of Moments, Am. Math. Soc. (1945), p. 20.

§5.3 Stieltjes 関数の判定条件

(a) 必要条件

$F(z)$ が Stieltjes 関数

$$F(z) = \int_0^\infty \frac{\mathrm{d}\rho(t)}{1+zt} \qquad \left(0 < \int_0^\infty t^n \mathrm{d}\rho(t) < \infty,\ n=0,1,\cdots\right) \tag{5.44}$$

であれば,これは次の性質をもつ:

(1) $F(z)$ は,$z\downarrow 0$ の任意次数の漸近級数に展開される.

実際,(5.44) は

$$F(z) = \int_0^\infty \{1-zt+\cdots+(-z)^n t^n\}\mathrm{d}\rho(t) + (-z)^{n+1}\int_0^\infty \frac{t^{n+1}}{1+zt}\mathrm{d}\rho(t) \tag{5.45}$$

と展開されるが,Stieltjes 関数の $\rho(t)$ は任意次数のモーメントをもつから

$$\int_0^\infty \frac{t^{n+1}}{1+tz}\mathrm{d}\rho(t) < \int_0^\infty t^{n+1}\mathrm{d}\rho(t) < \infty \tag{5.46}$$

が任意の整数 n に対して成り立つ.

(2) $F(z)$ は,負の実軸 $(-\infty, 0)$ を切断線とする複素 z 平面上で解析的である.

$F(z)$ は,負の実軸上を除き,(5.46) により複素変数関数の意味で任意回微分できる.よって解析的である.負の実軸を切断線とすることは,$\mathrm{d}\rho(t)=\alpha(t)\mathrm{d}t$ である場合には,$x<0$ に対し切断線をまたぐギャップが

$$F(x+\mathrm{i}\varepsilon) - F(x-\mathrm{i}\varepsilon) = \int_0^\infty \left(\frac{1}{1+(x+\mathrm{i}\varepsilon)t} - \frac{1}{1+(x-\mathrm{i}\varepsilon)t}\right)\alpha(t)\mathrm{d}t$$

$$= \frac{1}{x}\int_0^\infty \left(\frac{1}{(1/x)-\mathrm{i}\varepsilon'+t} - \frac{1}{(1/x)+\mathrm{i}\varepsilon'+t}\right)\alpha(t)\mathrm{d}t$$

$$\to 2\pi\mathrm{i}\frac{\alpha(-1/x)}{x} \qquad \left(\varepsilon' = \frac{\varepsilon}{x^2} \to 0\right)$$

となることからわかる.

(3) $|z|\to\infty$ のとき $F(z)\to 0$. (5.46) から明らか.

(4) 関数 $f(z)$ が複素平面上の領域 $\mathcal{D}$ において $\mathrm{Im}\,f(z)$ と $\mathrm{Im}\,z$ の符号を同じ

くするとき，$f(z)$ は $\mathcal{D}$ において Herglotz 性をもつという．

負の実軸を除く複素 z 平面上で $-F(z)$ が Herglotz 性をもつことは $d\rho(t) > 0$ から明らかである．

最後に

(5) $F(z)$ は z が正の実数のときには自身, 実数である

を加えよう．

(b) 十分条件

この命題の逆が成り立つことを示そう．すなわち，複素変数関数 $F(z)$ が上記の (1)–(5) の性質をもてば，これは Stieltjes 関数である．

$F(z)$ は負の実軸に沿って切断した複素 z 平面 C' 上で解析的であり，$|z| \to \infty$ で $\to 0$ となるから，図 5.7 の積分路を C として，C 内の z に対して

$$F(z) = \frac{1}{2\pi i} \int_C \frac{F(z')}{z'-z} dz' \tag{5.47}$$

が成り立つ．遠方での円周上の積分は (3) によって $\to 0$ となるから，特に $z = x > 0$ とすると

$$F(x) = \frac{1}{2\pi i} \int_{-\infty}^0 \frac{F(x'+i\varepsilon) - F(x'-i\varepsilon)}{x'-x} dx' \tag{5.48}$$

となる．両辺の実数部分をとれば

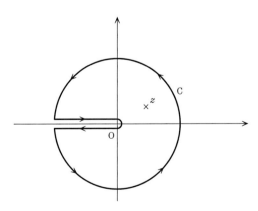

図 **5.7** (5.47) の積分路．

$$\operatorname{Re} F(x) = \frac{1}{2\pi} \int_{-\infty}^{0} \frac{\operatorname{Im}\{F(x'+\mathrm{i}\varepsilon)-F(x'-\mathrm{i}\varepsilon)\}}{x'-x} \mathrm{d}x'. \tag{5.49}$$

ところが，$x > 0$ に対して $F(x)$ は実数なので (5.48) は (5.49) に等しい．したがって

$$F(x'+\mathrm{i}\varepsilon) - F(x'-\mathrm{i}\varepsilon) = \mathrm{i}\operatorname{Im}\{F(x'+\mathrm{i}\varepsilon) - F(x'-\mathrm{i}\varepsilon)\} \quad (x' < 0)$$

が知られる．よって，(5.48) を C 内の z まで解析接続して

$$F(z) = \frac{1}{2\pi} \int_{-\infty}^{0} \frac{\operatorname{Im}\{F(x'+\mathrm{i}\varepsilon)-F(x'-\mathrm{i}\varepsilon)\}}{x'-z} \mathrm{d}x' \tag{5.50}$$

を得る．$-F(z)$ の Herglotz 性 (4) により

$$\operatorname{Im}\{F(x'+\mathrm{i}\varepsilon) - F(x'-\mathrm{i}\varepsilon)\} < 0$$

なので，それを $-\alpha(-x')$ とおけば

$$F(z) = -\frac{1}{2\pi}\int_{-\infty}^{0} \frac{\alpha(-x)}{x-z}\mathrm{d}x = -\frac{1}{2\pi}\int_{-\infty}^{0} \frac{\alpha(-x)/x}{1-z/x}\mathrm{d}x$$

となるから，

$$-\frac{1}{x} = t, \quad -\frac{1}{2\pi x}\alpha(-x)\mathrm{d}x = \frac{\alpha(1/t)}{2\pi t}\mathrm{d}t = \mathrm{d}\rho(t)$$

とおけば

$$F(z) = \int_{0}^{\infty} \frac{\mathrm{d}\rho(t)}{1+zt} \tag{5.51}$$

となる．よって，$F(z)$ は Stieltjes 関数である．

§5.4 非調和振動子の摂動論への応用

この節では，ハミルトニアン

$$\mathcal{H}(\alpha,\beta) = -\frac{\mathrm{d}^2}{\mathrm{d}x^2} + \alpha x^2 + \beta x^4 \quad (\alpha > 0,\ \beta > 0) \tag{5.52}$$

をもつ非調和振動子の量子力学を考える．特に，基底状態のエネルギー固有値 $E_0(\alpha,\beta)$ を調べたい．

$\alpha > 0$ の場合なら，すぐ思いつくのは βx^4 を摂動として計算することで，$\alpha = 1$ なら

$$E_0(1,\beta) = 1 + \sum_{n=1}^{\infty} \beta^n a_n \qquad (5.53)$$

が得られるが，展開係数は，$n \to \infty$ のとき

$$a_n \sim (-1)^{n+1} \frac{4}{\pi^{3/2}} \left(\frac{3}{2}\right)^{n+1/2} \Gamma\left(n+\frac{1}{2}\right) \qquad (5.54)$$

となる[*3]．$\sim$ の意味は第 1 章の 6 ページに示されており，

$$\Gamma\left(n+\frac{1}{2}\right) \sim \sqrt{2\pi} \left(n+\frac{1}{2}\right)^n e^{-(n+1/2)} \sim \frac{n!}{\sqrt{n}} \qquad (n \to \infty)$$

であるから，この摂動級数(5.53)は発散する．では，この級数を Padé 近似で処理するのはどうか？ そのために，まず $E_0(1,\beta)$ が，ある意味で，β の Stieltjes 関数であることを証明しよう．

（a） エネルギー固有値の性質

非調和振動子(5.52)の基底状態のエネルギー固有値を $E_0(\alpha,\beta)$ とする．振動子の座標 x を λ 倍すると，ハミルトニアンは

$$-\frac{1}{\lambda^2}\frac{d^2}{dx^2} + \lambda^2 \alpha x^2 + \lambda^4 \beta x^4 = \lambda^{-2}\mathcal{H}(\lambda^4\alpha, \lambda^6\beta) \qquad (5.55)$$

となる．これは運動量 $-i d/dx$ と座標 x の交換関係を変えずユニタリー変換であるから，ハミルトニアンの固有値は変わらず

$$E_0(\alpha,\beta) = \lambda^{-2} E_0(\lambda^4\alpha, \lambda^6\beta) \qquad (5.56)$$

が成り立つ．特に $\alpha=1$ の場合，$\lambda = \beta^{-1/6}$ にとれば

$$E_0(1,\beta) = \beta^{1/3} E_0(\beta^{-2/3}, 1) \qquad (5.57)$$

となり，$E_0(\alpha,\beta)$ の β 依存性を α に振り替えることができる．このことを利用して，$E_0(1,\beta)$ の β に関する解析性を調べよう．β が実数のとき $E_0(1,\beta)$ が実数であることは，いうまでもない．

[*3] Bender, C.M. and Wu, T.T., Anharmonic Oscillator II. A Study of Perturbation Theory in Large Order, Phys. Rev., D**7** (1973), 1620–1635. 次も参照．Bender, C.M. and Wu, T.T., Anharmonic Oscillator, Phys. Rev., **184** (1969), 1231–1260.

§5.4 非調和振動子の摂動論への応用

Stieltjes 関数か？

まず, $E_0(\alpha,1)$ は, ハミルトニアン $\mathcal{H}(0,1)$ に摂動 αx^2 が加わったときの固有値と見れば, この摂動は, 任意の実数 a に対して適当な実数 b をとれば

$$a\|x^2\psi\| \leq b\|\psi\| + \|x^4\psi\| \tag{5.58}$$

と抑えられるから, Kato-Rellich の定理[*4]により, $E_0(\alpha,1)$ は実 α 軸の近くで解析的である. 複素数 $\alpha_0 := c + \mathrm{i}d$ に $E_0(\alpha,1)$ が極をもったとすると, α_0 の近くで

$$\operatorname{Im} E_0(\alpha,1) \cong \operatorname{Im} \frac{A}{(\alpha-\alpha_0)^n}$$

はある α で $\operatorname{Im}\alpha$ と異なる符号をもつ. 実際, $\alpha-\alpha_0 = r\mathrm{e}^{\mathrm{i}\theta}$, $A = s\mathrm{e}^{\mathrm{i}\phi}$ とすれば

$$\operatorname{Im} \frac{A}{(\alpha-\alpha_0)^n} = \frac{s}{r^n}\sin(\phi-n\theta)$$

は $\theta \to \pi/n$ で $-(s/r^n)\sin\phi$ に, $\theta \to 0$ で $(s/r^n)\sin\phi$ に近づくので, その途中に $\operatorname{Im}\alpha$ が $\operatorname{Im} E_0(\alpha,1)$ と異なる符号をもつ α が存在する. 他方で $E_0(\alpha,1)$ は α が複素数であっても $\mathcal{H}(\alpha,1)$ の固有値であるから, 固有関数を u とすれば, $p = -\mathrm{i}\mathrm{d}/\mathrm{d}x$ として

$$E_0(\alpha,1) = \langle u|(p^2+\alpha x^2+x^4)|u\rangle$$

と書けて

$$\langle u|p^2|u\rangle = \int_{-\infty}^{\infty}\left|\frac{\mathrm{d}u}{\mathrm{d}x}\right|^2\mathrm{d}x, \quad \langle u|x^2|u\rangle = \int_{-\infty}^{\infty}x^2|u(x)|^2\mathrm{d}x \tag{5.59}$$

は実数であり, $\langle u|x^4|u\rangle$ も同様であるから

$$\operatorname{Im} E_0(\alpha,1) = \langle u|x^2|u\rangle\operatorname{Im}\alpha \tag{5.60}$$

は $\operatorname{Im}\alpha$ と同符号となる. これは矛盾であり, $E_0(\alpha,1)$ は極をもたない. 同様にして, 真性特異点ももたないことがわかる[*5]. 自然境界がないことは

[*4] Kato, T., Perturbation Theory for Linear Operators, Springer, 1968.
[*5] Simon, B., Coupling Constant Analyticity for the Anharmonic Oscillator, Ann. Phys., **58** (1970), 76–136; The Anharmonic Oscillator: a singular perturbation theory, *1970 Cargèse Lecture in Physics*, Gordon and Breach (1972), 383–414.

J. J. Loeffel と A. Martin が証明した[*6]．こうして $E_0(\alpha, 1)$ は α 平面上，無限遠点を除いて解析的である．

この E_0 を (5.57) により β の関数 $E_0(1, \beta)$ と見直し解析接続して複素 β 平面に広げるのだが，負の実軸に上から近づくか，下から近づくかで

$$\begin{matrix}\text{上から}\\ \text{下から}\end{matrix} : \quad |\beta| e^{\pm i\pi/3} E_0(|\beta|^{-2/3} e^{\mp 2\pi i/3}, 1)$$

の差が生ずるので，負の実軸が切断線となる．$\mathcal{H}(1, \beta)$ の固有関数の $x \gg 1$ での振る舞いを

$$u(x) \sim N \exp\left[-\frac{a}{3}x^3 - bx\right] \tag{5.61}$$

とすると（N は規格化定数）

$$-\frac{d^2}{dx^2}\exp\left[-\frac{a}{3}x^3 - bx\right] = -\{(ax^2+b)^2 - 2ax\}\exp\left[-\frac{a}{3}x^3 - bx\right]$$

となるから，これが (5.52) の $\mathcal{H}(1, \beta)$ の固有関数となるためには——基底状態か励起状態かによらず—— $a^2 = \beta$, $a\beta = 1$．したがって

$$a = \beta^{1/2}, \quad b = \frac{1}{2a} = \frac{1}{2\beta^{1/2}}. \tag{5.62}$$

ゆえに $x \to \infty$ で $u(x) \to 0$ という境界条件がみたされるのは

$$|\arg \beta| < \pi \tag{5.63}$$

のときである．よって，負の実軸(切断線！)の近くまで $E_0(1, \beta)$ が解析的に延長される．

$E_0(1, \beta)$ を β で展開したとき漸近級数が得られることを示すにはレゾルヴェント[*7]の小円 C_n をめぐる積分

$$P_n = \frac{1}{2\pi i} \int_{C_n} \frac{1}{z - \mathcal{H}} dz \tag{5.64}$$

を利用する．C_n は，β が小さいとし，$\mathcal{H}$ のエネルギー固有値は $\beta = 0$ の場合の固有値 $E_n(1, 0) = 2n+1$ とあまり違わないと見て $z = 2n+1$ を中心として半

[*6] Loeffel, J. J. and Martin, A., Propriété analytiques des niveaux de l'oscillator anharmonique et convergence des approximants de Padé, *1970 Cargèse Lecture in Physics*, Gordon and Breach (1972), 415–429.

[*7] 黒田成俊『量子物理の数理』，岩波書店 (2007).

§5.4 非調和振動子の摂動論への応用

径1にとろう.というのは,$\mathcal{H}$ の演算子 P_n に固有ベクトル $|n\rangle$ からつくった
$1 = \sum_{n'=0}^{\infty} |n'\rangle\langle n'|$ をかけると

$$\frac{1}{2\pi \mathrm{i}} \sum_{n'=0}^{\infty} \int_{C_n} \frac{1}{z-\mathcal{H}} |n'\rangle\langle n'| \mathrm{d}z = \frac{1}{2\pi \mathrm{i}} \sum_{n'=0}^{\infty} \int_{C_n} \frac{1}{z-E_{n'}(1,\beta)} |n'\rangle\langle n'| \mathrm{d}z$$

となり,Cauchy の積分定理により

$$P_n = |n\rangle\langle n|. \tag{5.65}$$

すなわち,$\mathcal{H}$ の第 n 固有ベクトルへの射影演算子となるからである.よって,遠方で速く減少する関数 $\psi(x)$ で期待値をとって

$$\begin{aligned} E_n(1,\beta) &= N_n \int_{C_n} \left\langle \psi \left| \frac{1}{z-\mathcal{H}} \mathcal{H} \right| \psi \right\rangle \mathrm{d}z \\ &= N_n \int_{C_n} \left\langle \psi \left| \left\{ \frac{z}{z-\mathcal{H}} - 1 \right\} \right| \psi \right\rangle \mathrm{d}z \end{aligned} \tag{5.66}$$

と書くことができる.ここに

$$N_n^{-1} = \int_{C_n} \left\langle \psi \left| \frac{1}{z-\mathcal{H}} \right| \psi \right\rangle \mathrm{d}z$$

であり,$\langle \varphi | \psi \rangle$ は L^2 空間の内積を意味する.そこで,被積分関数を β で展開する.$\mathcal{H}(1,0) = \mathcal{H}_0$ と書き

$$\frac{1}{z-\mathcal{H}_0-\beta x^4} = \frac{1}{z-\mathcal{H}_0} + \frac{1}{z-\mathcal{H}_0}(\beta x^4)\frac{1}{z-\mathcal{H}_0-\beta x^4}$$

を任意回くりかえして

$$\frac{1}{z-\mathcal{H}} = \frac{1}{z-\mathcal{H}_0} + \sum_{k=1}^{K} \left(\frac{1}{z-\mathcal{H}_0}\beta x^4\right)^k \frac{1}{z-\mathcal{H}_0}$$

$$+ \left(\frac{1}{z-\mathcal{H}_0}\beta x^4\right)^{K+1} \frac{1}{z-\mathcal{H}_0-\beta x^4} \tag{5.67}$$

とし,(5.66)に代入すると $E_n(1,\beta)$ の次数 K までの展開が得られ,その誤差は $o(\beta^K)$ であるから,任意の次数 K の漸近展開になっている.

次に $E_n(1,\beta)$ の Herglotz 性であるが,これからは便宜上,基底状態 $n=0$ に限って考える.$p = -\mathrm{i}\mathrm{d}/\mathrm{d}x$ として,ハミルトニアン

$$\mathcal{H}(1,\beta) = p^2 + x^2 + \beta x^4 \qquad (|\arg \beta| < \pi) \tag{5.68}$$

の基底状態の固有関数を u_0 とすれば,対応する固有値は

$$E_0(1,\beta) = \langle u_0|p^2+x^2|u_0\rangle + \beta\langle u_0|x^4|u_0\rangle \qquad (5.69)$$

と書けて，$\langle u_0|p^2+x^2|u_0\rangle$, $\langle u_0|x^4|u_0\rangle$ は実数であるから

$$\mathrm{Im}\, E_0(1,\beta) = \langle u_0|x^4|u_0\rangle \mathrm{Im}\,\beta \qquad (5.70)$$

となり，$\langle u_0|x^4|u_0\rangle > 0$ であるから $E_0(1,\beta)$ は Herglotz 性をもつ．

しかし，$F(z)$ が Stieltjes 関数になるのは，§5.3 で見たとおり $-F(z)$ が Herglotz 性をもつときであった．(5.70) は $E_0(1,\beta)$ のもつべき Herglotz 性とは符号がちがう．この問題は (5.73) の後までお預けにする．

もう一つ，β を切断線 $(-\infty, 0]$ に近づける，すなわち，$\arg\beta \to \pm\pi$ とすると，u_0 は (5.62) により β，特に $\phi = \arg\beta$ に依存し

$$\mathrm{Im}\, E_0(1,\beta) = \langle u_0(\phi)|x^4|u_0(\phi)\rangle \sin\phi$$

は不定形になるので，極限の存在について別に検討しなければならない．

極限の存在は (5.57) によって $\beta^{1/3}E_0(\beta^{-2/3},1)$ を見ればすぐわかる．しかし，それに対応するハミルトニアン

$$\mathcal{H}(\beta^{-2/3},1) = p^2 + |\beta|^{-2/3}\mathrm{e}^{-2\mathrm{i}\phi/3}x^2 + x^4 \qquad (5.71)$$

の基底状態の固有関数を u_0' とするとき，切断線の上側 ($\phi \to \pi$) の

$$\mathrm{Im}\,\beta^{1/3}\langle u_0'|\mathcal{H}(\beta^{-2/3},1)|u_0'\rangle = \langle u_0'|\{|\beta|^{1/3}(p^2+x^4) - |\beta|^{-1/3}x^2\}|u_0'\rangle \sin\frac{\pi}{3} \qquad (5.72)$$

が負の項を含み，Herglotz 性が破れはしないか，心配になる．これも後への宿題としよう．

最後に，$E_0(1,\beta)$ が Stieltjes 関数 (5.44) だとしたら $\beta \to \infty$ で $E_0(1,\beta) \to 0$ となるはずであるが，(5.57) によれば $E_0(1,\beta) = O(\beta^{1/3})$ となる．しかし，この困難は，$E_0(1,\beta)$ の代わりに定数を引いた $E_0(1,\beta) - E_0(1,0)$ を考え，分散式 (5.44) の代わりに "引き算した" 分散式 ("引き算した Stieltjes 関数")

$$E_0(1,\beta) = E_0(1,0) + \beta \int_0^\infty \frac{\mathrm{d}\rho(t)}{1+t\beta} \qquad (5.73)$$

を使うことで避けられる．Padé 近似の理論は，この積分の部分に適用して

$$\frac{E_0(1,\beta) - E_0(1,0)}{\beta} = \int_0^\infty \frac{\mathrm{d}\rho(t)}{1+\beta t} = \frac{P_n^{(j)}(\beta)}{Q_n^{(j)}(\beta)} \qquad (5.74)$$

とおくことになる．

§5.4 非調和振動子の摂動論への応用

しかし，この式が書けるのは，これまでの議論に加えて

$$-\frac{E_0(1,\beta)-E_0(1,0)}{\beta} \tag{5.75}$$

が Herglotz 性をもつときである．これを検証しよう．

$$-\mathrm{Im}\frac{E_0(1,\beta)-E_0(1,0)}{\beta} = \frac{\mathrm{Re}\,E_0(1,\beta)-E_0(1,0)}{|\beta|^2}\mathrm{Im}\,\beta - \frac{\mathrm{Im}\,E_0(1,\beta)}{|\beta|^2}\mathrm{Re}\,\beta$$

$$= \left\{\mathrm{Re}\,E_0(1,\beta)-E_0(1,0) - \frac{\mathrm{Im}\,E_0(1,\beta)}{\mathrm{Im}\,\beta}\mathrm{Re}\,\beta\right\}\frac{\mathrm{Im}\,\beta}{|\beta|^2}. \tag{5.76}$$

ここで $\arg\beta<\pi$ とすれば(5.63)で見たように $p^2+x^2+\beta x^4$ が基底状態をもつから，その規格化された固有関数を u とし，p^2+x^2 のそれを u_0 とすれば

$$\mathrm{Re}\,E_0(1,\beta)-E_0(1,0) = \langle u|p^2+x^2|u\rangle + \langle u|x^4|u\rangle\mathrm{Re}\,\beta - \langle u_0|p^2+x^2|u_0\rangle$$

$$-\frac{\mathrm{Im}\,E_0(1,\beta)}{\mathrm{Im}\,\beta}\mathrm{Re}\,\beta = -\langle u|x^4|u\rangle\mathrm{Re}\,\beta$$

の和をとると $\langle u|x^4|u\rangle\mathrm{Re}\,\beta$ は相殺するから

$$-\mathrm{Im}\frac{E_0(1,\beta)-E_0(1,0)}{\beta} = \{\langle u|p^2+x^2|u\rangle - \langle u_0|p^2+x^2|u_0\rangle\}\frac{\mathrm{Im}\,\beta}{|\beta|^2} \tag{5.77}$$

となる．変分原理により，p^2+x^2 の期待値は真の固有状態 u_0 によるものが最小であるから，左辺の符号は $\mathrm{Im}\,\beta$ の符号と反対であり，(5.75)の Herglotz 性が確かめられた．よって，§5.3 (b)により(5.74)の書けることがわかった．

こうして(5.70)の下で残した宿題が答えられた．

(5.73)を形式的に展開すれば，展開係数は

$$a_0 = E_0(1,0), \quad a_1 = \int_0^\infty \mathrm{d}\rho(t), \quad a_k = \int_0^\infty (-t)^{k-1}\mathrm{d}\rho(t) \quad (k\geqq 2) \tag{5.78}$$

となり，展開係数の符号の交代が第3項から始まることになる．実際，$E_0(1,\beta)$ の摂動展開がこの性質をもつことは，すぐ後で見るであろう (p.132, 表 5.1)．

なお，もっと一般に $|F(z)|<A|z|^K$ までしか $|z|\to\infty$ で 0 にゆくことが言えない場合には

$$F(z) = \sum_{k=0}^{K-1} A_k z^k + z^K \int_0^\infty \frac{\mathrm{d}\rho(t)}{1+tz} \tag{5.79}$$

とおくことになる．

こうして，非調和振動子(5.52)の基底状態のエネルギー固有値 $E_0(1,\beta)$ は Stieltjes 関数であるための十分条件——§5.3(a)の(1)-(5)と(b)——をみたすことが確かめられた．(5.52)に対する摂動級数は発散するが，Padé 近似によって収束する総和のできることがわかった．

ここでは，(5.52)の基底状態に注目してきたが，励起状態に対しても同様の議論が成り立つ．

引き算した Stieltjes 関数

ところで，(5.74)のように
$$E_0(1,\beta) = E_0(1,0) + a_1 \beta + a_2 \beta^2 + \cdots \tag{5.80}$$
から "引き算した" Stieltjes 関数の部分をとりだして
$$\frac{E_0(1,\beta) - E_0(1,0)}{\beta} = a_1 + a_2 \beta + \cdots \tag{5.81}$$
に Padé 近似 $P_n^{(j)}(\beta)/Q_n^{(j)}(\beta)$ をし，それを用いて $E_0(1,\beta)$ を
$$E_0(1,\beta) = E_0(1,0) + \beta \frac{P_n^{(j)}(\beta)}{Q_n^{(j)}(\beta)} = \frac{\beta P_n^{(j)}(\beta) + E_0(1,0) Q_n^{(j)}(\beta)}{Q_n^{(j)}(\beta)} \tag{5.82}$$
と書き表わすのと，(5.80)そのものに Padé 近似を適用するのとは同じ結果になるだろうか？

(5.74)に対する Padé 近似の要求(5.2)が
$$(a_1 + a_2 \beta + \cdots) Q_n^{(j)}(\beta) - P_n^{(j)}(\beta) = O(\beta^{2n+j+1}) \tag{5.83}$$
であるのに対して，(5.80)に対する要求は
$$\{E_0(1,0) + a_1 \beta + a_2 \beta^2 + \cdots\} Q_n^{(j)}(\beta) - \{\beta P_n^{(j)}(\beta) + E_0(1,0) Q_n^{(j)}(\beta)\} = O(\beta^L). \tag{5.84}$$

すなわち
$$(a_1 + a_2 \beta + \cdots) Q_n^{(j)}(\beta) - P_n^{(j)}(\beta) = O(\beta^{L-1}) \tag{5.85}$$
となる．(5.84)の L は，(5.82)が分母・分子の次数からいって

§5.4 非調和振動子の摂動論への応用

$$n+j+1\begin{cases}<n\\ \geqq n\end{cases}\text{のとき}\quad\begin{matrix}[n,n]\\ [n+j+1,n]\end{matrix}\quad\text{Padé 近似になるので}$$

$$L=\begin{cases}2n+1\\ 2n+j+2\end{cases} \tag{5.86}$$

となる.

しかし，§5.1 の仕方で $Q_n^{(j)}(\beta)$ の展開係数 q_k を定めようとして(5.85)の β^{n+j+1} から β^{L-2} までの係数を見ると

$$\sum_{k=0}^{n} a_{m+l-k}q_k = 0 \qquad (l=1,2,\cdots,L-n-j-2)$$

が必要となるが，$n+j+1<n$ の場合

$$L-n-j-2 > L-n-1 = n$$

となり，方程式の数 $L-m-2$ の方が未知数 $\{q_k\}$ の数 n より多いことになる. これは不可能である. 反対に，$n+j+1\geqq n$ の場合には

$$L-n-j-2 = n$$

となり，不都合はない．しかも (5.85)，したがって (5.84) は (5.83) と同等となる．こうして，$E_0(1,\beta)$ に $[n,m]$ Padé 近似を適用する場合，"引き算" が必要なため $m+1\geqq n$ の制限が必要になることがわかった．$[n,n-1]$, $[n,n]$, $[n,n+1]$, … は，すべて許される．

このとき，(5.84), (5.85) の解は，§5.1 で見たとおり，例外的な場合を除いて一意的であるから，Padé 近似を (5.82) の形で求めるのと，(5.80) から直接にもとめるのとは同じ結果になる．なお，演習問題 5.10 を参照．

(b) 摂動級数の Padé 近似

摂動論

非調和振動子のハミルトニアン (5.52) で $\alpha=1$ とし

$$\mathcal{H}(1,\beta) = -\frac{d^2}{dx^2} + x^2 + \beta x^4 \tag{5.87}$$

の基底状態のエネルギー固有値 $E_0(1,\beta)$ を，βx^4 を摂動として摂動計算し

$$E_0(1,\beta) = \sum_{n=0}^{\infty} a_n \beta^n \tag{5.88}$$

を得た．その係数 a_n と $\beta=0.1$ の場合の第 n 次近似のエネルギーを表5.1に示す．その発散はすさまじい．

以前(5.78)に注意したとおり，a_n の符号の交代が第3項から始まっている．

表5.1によると，摂動の N 次近似 $E_0^{(N)}$ は $\beta=0.1$ では $N=4$ のとき真の値 $1.0652\cdots$（表5.3を見よ）に最も近く誤差 0.09% まで近づいている．摂動論で補正をしない $E_0^{(0)}=1$ は 6% もの誤差をもっていたのだから，補正には確かに意味がある．しかし，これより高次の補正は事態を悪くするばかりである．これが漸近級数の特徴であった．

β を小さくして 0.001 にすると，$E_0^{(N)}$ は $N=5$ で"真の値" 1.00074869267 に一致し，$N=41$ まで近似を進めても，この桁数の範囲で遂に動かなかった．さらに次数を上げたら，やがて発散をはじめるであろう．

この表では，摂動の n 次の寄与 a_n の符号が n の偶奇にしたがって交代することが注意をひく．これは Stieltjes 級数の必要条件である．

表 **5.1** 非調和振動子(5.52)の基底状態のエネルギー，摂動計算．

n, N	$a_n = A \times 10^B$		$E_0^{(N)} = \sum_{n=0}^{N} \beta^n a_n$
	A	B	$\beta = 0.1$
0	1.		1.
1	0.75	0	1.075
2	$-0.131\ 250$	1	1.061 875
3	$0.520\ 312\ 5$	1	1.067 078 125
4	$-0.301\ 611\ 328\ 125$	2	1.064 062 011 718
5	$0.223\ 811\ 279\ 297$	3	1.066 300 124 512
6	$-0.199\ 946\ 292\ 114$	4	1.064 300 661 591
7	$0.207\ 770\ 894\ 852$	5	1.066 378 370 539
8	$-0.245\ 689\ 177\ 287$	6	1.063 921 478 767
9	$0.325\ 602\ 188\ 775$	7	1.067 177 500 654
10	$-0.478\ 104\ 310\ 601$	8	1.062 396 457 548
⋮	⋮	⋮	⋮
15	$0.116\ 016\ 674\ 658$	15	1.145 532 250 948
16	$-0.271\ 975\ 761\ 525$	16	0.873 556 489 424
17	$0.677\ 879\ 469\ 298$	17	1.551 435 958 721
18	$-0.179\ 021\ 019\ 502$	19	$-0.238\ 774\ 236\ 294$
19	$0.499\ 401\ 192\ 112$	20	4.755 237 684 825
20	$-0.146\ 751\ 401\ 020$	22	$-9.919\ 902\ 417\ 219$
21	$0.453\ 113\ 629\ 668$	23	35.391 460 549 630
22	$-0.146\ 665\ 237\ 004$	25	$-111.273\ 776\ 454\ 102$
23	$0.496\ 628\ 306\ 946$	26	385.354 530 492 165

Padé 近似

非調和振動子の基底状態のエネルギー $E_0(1,\beta)$ に対する摂動級数 (5.88) は,表 5.1 の a_n を係数とする.この級数に対する Padé 近似は (5.7), (5.13) で与えられる.たとえば $[1,1]$ 近似なら,(5.7) によれば

$$a_0 = 1, \quad a_1 = 0.75, \quad a_2 = -1.31250$$

を用いて

$$P_1^{(0)} = \begin{vmatrix} 0.75 & -1.31250 \\ \beta & 1+0.75\beta \end{vmatrix}, \quad Q_1^{(0)} = \begin{vmatrix} 0.75 & -1.31250 \\ \beta & 1 \end{vmatrix} \quad (5.89)$$

から

$$[1,1] = \frac{P_1^{(0)}}{Q_1^{(0)}} = \frac{0.75 + 1.875\beta}{0.75 + 1.31250\beta} = 1.06382979 \quad (5.90)$$

となる.最右辺は $\beta=0.1$ のときの値である.

$\beta = 0.1, 0.2, \cdots$ とした場合の "対角" Padé 近似 $[n,n]$ を表 5.2 に示す[*8].

表 **5.2** 非調和振動子の基底状態のエネルギー, $[n,n]$ Padé 近似.

n	$\beta = 0.1$	$\beta = 0.2$	$\beta = 1$	$\beta = 10$
0	1.	1.	1.	1.
1	1.063 829 787 234	1.111 111 111 111	1.272 727 272 727	1.405 405 405 405
2	1.065 217 852 491	1.117 540 578 276	1.348 289 096 708	1.647 997 235 311
5	1.065 285 455 329	1.118 288 405 207	1.388 075 603 390	2.024 376 176 003
10	1.065 285 509 535	1.118 292 646 574	1.392 102 495 142	2.262 066 864 483
15	1.065 285 509 544	1.118 292 654 314	1.392 325 237 409	2.353 761 618 494
19	1.065 285 509 544	1.118 292 654 364	1.392 342 893 100	2.379 900 476 274
20	1.065 285 509 544	1.118 292 654 365	1.392 343 886 385	2.450 475 148 908

この表によると,どの β に対しても $[n,n]$ Padé 近似は n とともに増大している.(5.39) によって単調減少するはずだったのに!

この背理は次のようにして解決する.いま考えている非調和振動子の場合,Stieltjes 関数であるのは (5.74) の $\{E_0(1,\beta) - E_0(1,0)\}/\beta$ であって,これに Padé 近似の理論は適用される.$E_0(1,\beta)$ に対する $[n,n]$ Padé 近似は (5.74) の $\{E_0(1,\beta) - E_0(1,0)\}/\beta$ にすれば $[n, n-1]$ Padé 近似になり,これは (5.39) により単調増大である.なお,章末の問題 5.10 を参照.

[*8] これは,摂動計算とともに斎藤 慎さんが計算してくれた.

そして，その $[n, n-1]$ Padé 近似は $n \to \infty$ で (5.41) により収束し，これは $E_0(1, \beta)$ の $[n, n]$ Padé 近似の収束を意味する．確かに，表5.2 の $\beta = 0.1$ の場合，ここに示した有効数字の範囲で [15, 15] から先の値は動かなくなっている．より大きな β でも $[n, n]$ の値の動きは n の増加につれて緩慢になっている．

では，この表5.2 の Padé 近似の値は本当に真のエネルギーに近いだろうか？"真の" エネルギー固有値は $[n+1, n+1]$ と $[n-1, n-2]$ ではさめるはずだが，いまは "真の" 値を次の定理[*9]によってもとめ，比較してみよう (表5.3)．

定理 5.1 (Milne)　ポテンシャルが $V(x)$ の場合，$w(x, E)$ を

$$\left\{\frac{d^2}{dx^2} + \lambda - V(x)\right\} w(x, \lambda) = \frac{1}{w(x, \lambda)^3}, \quad w(0, \lambda) = 1, \quad w'(0, \lambda) = 0 \tag{5.91}$$

の解とすれば，Schrödinger 方程式

$$\left\{-\frac{d^2}{dx^2} - V(x)\right\} u_n(x) = E_n u_n(x), \quad u(\pm\infty) = 0 \tag{5.92}$$

の第 n 励起束縛状態のエネルギー固有値 E_n は ($n = 0$ は基底状態)

$$\mathcal{N}(E_n) = n + 1 \quad (n = 0, 1, 2, \cdots) \tag{5.93}$$

の解 (もし，あれば) によって与えられる．ここに

$$\mathcal{N}(\lambda) := \frac{1}{\pi} \int_{-\infty}^{\infty} \frac{1}{w(x, \lambda)^2} dx \tag{5.94}$$

であって，これは λ の単調増加関数である．　　　　　　　　　　　　　□

実は，Schrödinger 方程式 (5.92) の一般解が

$$u(x) = w(x, \lambda) \sin\left[\int_{-\infty}^{x} \frac{dx}{w(x, \lambda)^2}\right] \quad (\alpha: \text{任意定数})$$

の定数倍によって与えられるのであって，条件 (5.93) は，$x \to \pm\infty$ で $u(x) \to 0$ となることを要求している．

計算は次のようにした[*10]：x 軸の刻み h を $10^{-\kappa}$, $\kappa = 1, 2, \cdots, 6$ にとり，h ごとに，最初は試みに与えた E に対して (5.91) を 4 次の Runge - Kutta 法で解きつつ台形公式で (5.94) の積分値が変わらなくなる $x_{\max}$ まで積分し $n = 0$

[*9]　Milne, W. E., Phys. Rev., **35** (1930), 863.
[*10]　計算は学習院計算センターの入沢寿美さんにしていただいた．

の (5.93) と比べ，次回からは $\mathcal{N}(\lambda)-1=0$ の誤差が 10^{-30} になるまで Newton 法で λ を選びながら計算をくりかえした．計算は，すべて 4 倍精度 (有効桁数，約 32) で行なった．計算誤差は h^4 のオーダーで (これは h を変えた計算の結果を比較して確かめた)，$h=10^{-6}$ のとき E_0 の値は 22 桁くらいまで正しいと考えられる．表 5.3 には，これを記した．チェックのため，答が 1 と知れている $\beta=0$ の場合を計算すると，$E_0(1,0)-1=1.1\times 10^{-26}$ となった．

摂動級数の激しい発散 (表 5.1) を思うと，表 5.3 から Padé 近似のすばらしさがわかる．

表 5.3 エネルギー固有値 $E_0(1,\beta)$．$[n,n]$ Padé 近似と "真の" 値．Padé 近似の値は，第 k 桁まで "真の" 値と一致するとき $k+1$ 桁まで記した．$k+2$ 桁を 4 捨 5 入すると $k+1$ 桁まで一致する場合には $k+2$ 桁まで記す．

β	[5, 5]	[20, 20]	"真の" 値
0.1	1.065 285	1.065 285 509 544	1.065 285 509 543 717 688 857
0.2	1.118 288	1.118 292 654 365	1.118 292 654 367 039 153 431
1.0	1.388 1	1.392 34	1.392 351 641 530 291 855 658
10.0	2.	2.450	2.449 174 072 118 386 918 269

演習問題

5.1 級数 $1-x+x^2-\cdots$ の $[n,n]$ Padé 近似を求めよ．それは，$n\to\infty$ のとき収束するか？

5.2 級数 $1+x+x^2+\cdots$ $(x>0)$ の $[n,n]$ Padé 近似を求めよ．

5.3 (5.29) を $n=0$, $j=1$ の場合に例証せよ．

5.4 (5.28) を $n=2$ の場合をとって例証せよ．

5.5 (5.28) を一般の場合に証明せよ．

5.6 (5.29) を一般の場合に証明せよ．

5.7 問題 5.1 の $[n,n]$ Padé 近似の $n\to\infty$ の極限は Stieltjes 関数か？

5.8 級数 $f(z)=a_0+a_1z+\cdots$ の $[n,n]$ Padé 近似に対して，$f_1(z)=(a'_0+a_0)+a_1z+\cdots$ の $[n,n]_1$ Padé 近似は $[n,n]_1=[n,n]+a'_0$ となることを Padé 近似の公式 (5.7) を用いて証明せよ．

5.9 (5.74)が成り立つのは $E_0(1,\beta)$ が Herglotz 性をもつときであることを示せ.

5.10 (5.74)のように $E_0(1,\beta)$ から"引き算した" Stieltjes 関数の部分をとりだして

$$\frac{E_0(1,\beta)-E_0(1,0)}{\beta} = a_1 + a_2\beta^2 + \cdots$$

に Padé 近似をし,それを用いて $E_0(1,\beta)$ を (5.82) のように書き表わすのと,$E_0(1,\beta) = E_0(1,0) + a_1\beta + \cdots$ そのものに Padé 近似を適用するのとは同じ結果になるだろうか.

参考書

第 1 章
[1] 岡田良知, 級数概論, 岩波全書, 岩波書店, 1952.
[2] 石黒一男, 発散級数論, 森北出版, 1977.
[3] Hardy, G. H., Divergent Series, Oxford Univ. Press, 1973.
[4] 森口繁一, 計算数学夜話――数値で学ぶ高等数学, 日本評論社, 1978.
[5] Kantorovich, L. V. and Krylov, V. I., Approximate Methods of Higher Analysis, tr. by Benster, C. D., John-Wiley and Sons and P. Noordhoff, 1964.

第 2 章
[6] Copson, E. T., Asymptotic Expansions, Cambridge Univ. Press, 1971.
[7] Sirovich, L., Techniques of Asymptotic Analysis, Appl. Math. Sci. 2, Springer, 1971.
[8] Jeffreys, H., Asymptotic Approximations, Oxford Univ. Press, 1962.
[9] Murray, J. D., Asymptotic Analysis, Oxford Univ. Press, 1974.
[10] Migdal, A. B., Qualitative Methods in Quantum Theory, tr. by A. J. Leggett, Addison-Wesley, 1971.

第 3 章
[11] Copson, E. T., Asymptotic Expansions, Cambridge Univ. Press, 1971.
[12] Olver, F. W. J., Introduction to Asymptotics and Special Functions, Academic Press, 1974.
[13] 大久保謙二郎・河野実彦, 漸近展開, シリーズ 新しい応用の数学, 一松 信, 伊理正夫, 竹内 啓編, 教育出版, 1976.
[14] Szegö, G., Orthogonal Polynomials, Colloq. Publ. vol. 23, Amer. Math. Soc., 1939.
[15] Doetsch, G., Introduction to the Theory and Application of the Laplace Transformation, tr. by W. Nader, Springer, 1974.
[16] 寺沢寛一, 自然科学者のための数学概論, 応用編, 岩波書店, 1960.

第 4 章

[17] Hardy, G. H., Divergent Series, Oxford Univ. Press, 1973.
[18] Auberson, G., Menessier, G., Some Properties of Borel Summable Functions, J. Math. Phys., **22** (1981), 2472–2483.
[19] Boenkost, W., Constantinescu F. and Schaffenberger, U., The Inverse of a Borel Summable Function, J. Math. Phys., **29** (1988), 1118–1121.
[20] Simon, B., Coupling Constant Analyticity for the Anharmonic Oscillator, Ann. Phys., **58** (1970), 76–136.
[21] Graffi, B., Grecchi, V. and Simon, B., Borel Summability, Application to the Anharmonic Oscillator, Phys. Lett., **B 32** (1970), 631–634.
[22] Costin, O., Asymptotics and Borel Summability, CRC Press, 1960.
[23] 河合隆裕・竹井義次, 特異摂動の代数解析学, 岩波書店, 2008.

第 5 章

[24] Baker Jr., G. A., The Theory and Application of the Padé Approximation Method, Adv. in Theor. Phys., **1** (1965), 1–58.
Baker Jr., G. A., The Padé Approximation in Theoretical Physics, Academic Press, 1970.
Baker Jr., G. A., Graves-Morris, P. and Carruthers, P. A., Padé Approximants, I, II, Encyclopedia of Mathematics and its Applications, Addison-Wesley, 1981.
Brezinski, C., ed., Continued Fractions and Padé Approximants North-Holland, 1990.
Bender, C. M. and Orszag, S. A., Advanced Mathematical Methods for Scientists and Engineers, Asymptotic methods and perturbation theory, Springer, 1999.
[25] Shohat, J. A. and Tamarkin, J. D., The Problem of Moments, Am. Math. Soc. (1945), p. 20.
[26] Bender, C. M. and Wu, T. T., Anharmonic Oscillator II. A Study of Perturbation Theory in Large Order, Phys. Rev., **D7** (1973), 1620–1635. 次も参照. Bender, C. M. and Wu, T. T., Anharmonic Oscillator, Phys. Rev., **184** (1969), 1231–1260.
[27] Kato, T., Perturbation Theory for Linear Operators, Springer, 1968.
[28] Simon, B., Coupling Constant Analyticity for the Anharmonic Oscillator, Ann. Phys., **58** (1970), 76–136; The Anharmonic Oscillator: a singular pertur-

bation theory, *1970 Cargèse Lecture in Physics*, Gordon and Breach (1972), 383–414.

[29] Loeffel, J. J. and Martin, A., Propriété analytiques des niveaux de l'oscillator anharmonique et convergence des approximants de Padé, *1970 Cargèse Lecture in Physics*, Gordon and Breach (1972), 415–429.

[30] 黒田成俊, 量子物理の数理, 岩波書店, 2007.

[31] Milne, W. E., Phys. Rev., **35** (1930), 863.

補足

[32] Wasov, W., Asymptotic Expansions for Ordinary Differential Equations, Krieger, 1976, Dover, 1965.

[33] Eastham, M. P. S., The Asymptotic Solution of Linear Differential Systems — Applications of the Levinson Theorem, Oxford Univ. Press, 1989.

[34] Smith, D. R., Singular Perturbation Theory — An Introduction with Applications, Cambridge Univ. Press, 1985.

[35] Mishchenko, E. F., Kolesov Yu. S., Kolesov, A. Yu. and Rozov, N. Kh., Asymptotic Methods in Singularly Perturbed Systems, Consultants Bureau, 1994.

[36] Maslov, B. P., 摂動論と漸近的方法, 大内 忠, 金子 晃, 村田 実訳, 岩波書店, 1976.

[37] 藤原大輔, 線形偏微分方程式論における漸近的方法 I, II, 岩波講座基礎数学, 岩波書店, 1976, 1977.

[38] Fujiwara, D., The Stationary Phase Method with an Estimate of the Remainder Term on a Space of Large Dimension, Nagoya Math. J., **124** (1961), 61–97.

[39] Fujiwara, D., Stationary Phase Method with Estimate of Remainder Term over a Space of Large Dimension, Adv. in Pure Math., **23** (1994), 57–67.

[40] Lighthill, M. J., An Introduction to Fourier Analysis and Generalized Functions, Cambridge Univ. Press, 1958.
(邦訳)高見穎郎, フーリエ解析と超関数, ダイヤモンド社, 1975.

[41] 今井 功, 応用超関数論 I, II, サイエンス社, 1981.

[42] White, R. B., Asymptotic Analysis of Differential Equations, Imperial College Press, 2005.

141

演習問題解答

第 1 章

1.1 （i） 積分 $\int_a^b f(x)\mathrm{d}x$ の $f(x)$ を階段関数でおきかえる．

（ii） $\int_L^\infty \dfrac{\mathrm{d}x}{x^2+1} = \dfrac{\pi}{2} - \tan^{-1} L = \tan^{-1} \dfrac{1}{L}$.

したがって，S_1 を $N-1$ 項までの和で近似したときの打ち切り誤差 S_N は $\tan^{-1}\dfrac{1}{N} < S_N < \tan^{-1}\dfrac{1}{N-1}$．これが 10^{-3} より小さくなるのは $\tan^{-1}\dfrac{1}{N-1} \sim \dfrac{1}{N-1} \leqq 10^{-3}$．よって，$N=1000$ 項まで加える．ここで $N=1000$ と $N=1001$ の区別には意味がない．

（iii） $S_N = \sum_{n=N}^\infty \dfrac{1}{n^2+1} = 1 + \sum_{n=1}^\infty \left(\dfrac{1}{n^2+1} - \dfrac{1}{n(n+1)}\right)$ として，和を第 $N-1$ 項までとる．打ち切り誤差 S_N は $\Delta_N < S_N < \Delta_{N-1}$．ここに

$$\Delta_L := \int_L^\infty \left(\dfrac{1}{x^2+1} - \dfrac{1}{x(x+1)}\right) \mathrm{d}x = \tan^{-1}\dfrac{1}{L} - \log\left(1 + \dfrac{1}{L}\right)$$
$$= \left(\dfrac{1}{L} - \dfrac{1}{3L^3}\right) - \left(\dfrac{1}{L} - \dfrac{1}{2L^2}\right) = \dfrac{1}{2L^2}.$$

したがって，$S_{N-1} < 10^{-3}$ から $N-1 = \sqrt{2000} = 45$ 項まで．

（iv） $S_N = \sum_N^\infty \left(-\dfrac{1}{n^2+1} + \dfrac{1}{n^2}\right)$ とおいて $\sum_{n=1}^\infty \dfrac{1}{n^2+1} = \dfrac{\pi^2}{6} - S_1$ とし，S_1 の和を第 $N-1$ 項までとる場合，打ち切り誤差 S_N は $-\Delta_{N-1} < S_N < -\Delta_N$．ここに

$$\Delta_L := \int_L^\infty \left(\dfrac{1}{x^2} - \dfrac{1}{x^2+1}\right) \mathrm{d}x = \dfrac{1}{L} - \tan^{-1}\dfrac{1}{L}$$
$$= \dfrac{1}{L^2} - \left(\dfrac{1}{L} - \dfrac{1}{3L^3}\right) = \dfrac{1}{3L^3}.$$

したがって，$S_{N-1} < 10^{-3}$ から $N-1 = 3000^{1/3} = 15$ 項まで．
$S_N = \sum_{n=N}^\infty \left(\dfrac{1}{n^2+1} - \dfrac{1}{n^2} + \dfrac{1}{n^4}\right)$ とおいて $\sum_{n=1}^\infty \dfrac{1}{n^2+1} = \dfrac{\pi^2}{6} - \dfrac{\pi^4}{90} + S_1$ とし S_1 の和を第 $N-1$ 項までとる．打ち切り誤差 S_N をはさむ Δ_L は $\int_L^\infty \Big(\dfrac{1}{x^2+1} - $

$\frac{1}{x^2}+\frac{1}{x^4}\Big)\mathrm{d}x=\Big(\frac{1}{L}-\frac{1}{3L^3}+\frac{1}{5L^5}\Big)-\frac{1}{L}+\frac{1}{3L^3}=\frac{1}{5L^5}$. したがって，$N-1=5000^{1/5}=6$ 項までとる．

因みに
$$\sum_{n=1}^{\infty}\frac{1}{n^2+1}=\frac{\pi}{2}\coth\pi-\frac{1}{2}=\frac{\pi}{2\times 0.996\,272\,076\,2}-\frac{1}{2}=1.076\,674\,0475.$$

1.2 $f(z)=\sum_{k=0}^{\infty}a_k=\sum_{k=0}^{\infty}a_k{}'(-z)^k$ は (1.28) により $\sum_{n=0}^{\infty}\frac{(-z)^n}{(1+z)^{n+1}}(\Delta^n a_0)'$ に等しい．$(\Delta^n a_0)'$ は $a_k{}'$ の階差である．故に $b_n=(-1)^n(\Delta^n a_0)'$. これは (1.32) により $b_n=(-1)^n\sum_{r=0}^{n}(-1)^{n-r}{}_nC_r(-1)^r a_r=\sum_{r=0}^{n}{}_nC_r a_r$.

1.3 $m\leqq n$ なら $\sum_{r=0}^{n}(-1)^r r^m {}_nC_r=0$ となることが $\dfrac{\mathrm{d}^p}{\mathrm{d}z^p}(1-z)^n\Big|_{z=1}=0\,(p\leqq n)$ から知られる．

1.4 略．

1.5 略．

1.6 $f(x)=\displaystyle\int_x^{\infty}\mathrm{e}^{-t^2/2}\mathrm{d}t=\int_x^{\infty}\frac{-1}{t}\frac{\mathrm{d}}{\mathrm{d}t}\mathrm{e}^{-t^2/2}\mathrm{d}t$ の部分積分のくりかえしを，演習の解答では次のように図式化して書く：

$$\int_x^{\infty}\frac{-1}{t}\frac{\mathrm{d}}{\mathrm{d}t}\mathrm{e}^{-t^2/2}\mathrm{d}t$$
$$-\Big[\frac{1}{t}\mathrm{e}^{-t^2/2}\Big]_x^{\infty}+\int_x^{\infty}\frac{-1}{t^2}\cdot\frac{-1}{t}\frac{\mathrm{d}}{\mathrm{d}t}\mathrm{e}^{-t^2/2}\mathrm{d}t$$
$$+\Big[\frac{1}{t^3}\mathrm{e}^{-t^2/2}\Big]_x^{\infty}-\int_x^{\infty}\frac{-3}{t^4}\cdot\frac{-1}{t}\frac{\mathrm{d}}{\mathrm{d}t}\mathrm{e}^{-t^2/2}\mathrm{d}t$$
$$-\Big[\frac{3}{t^5}\mathrm{e}^{-t^2/2}\Big]_x^{\infty}+3\int_x^{\infty}\frac{-5}{t^6}\cdot\frac{-1}{t}\frac{\mathrm{d}}{\mathrm{d}t}\mathrm{e}^{-t^2/2}\mathrm{d}t$$

すなわち，右コラムに現われた積分を部分積分した結果を次の行に書く．こうして $\Big[\cdots\Big]_x^{\infty}$ のくりかえしを省くのである．部分積分を重ねた結果は左コラムの $\Big[\cdots\Big]$ の総和と右コラムの最後に現われる積分の和になる．こうして
$$\int_x^{\infty}\mathrm{e}^{-t^2/2}\mathrm{d}t=\Big(\frac{1}{x}-\frac{1}{x^3}+\frac{3!!}{x^5}-\frac{5!!}{x^7}+\cdots\Big)\mathrm{e}^{-x^2/2}$$
を得る（§2.1 を参照．）

$x=5$ として $\mathrm{e}^{x^2/2}f(x)$ の第 n 項とそこまでの部分和を次頁の表に示す．$\mathrm{e}^{-x^2/2}\displaystyle\int_x^{\infty}\mathrm{e}^{-t^2/2}\mathrm{d}t$ の $x=5$ における値は $0.192\,808\,124$ である．

1.7 略．

n	a_n	$\sum_{k=1}^{n} a_k$
1	0.2	0.2
2	− 0.008	0.192
3	0.000 96	0.192 96
4	− 0.000 192	0.192 768
5	0.000 053 76	0.192 821 76
6	− 0.000 019 353 6	0.192 802 406 4
7	0.000 008 515 584	0.192 810 921 984
8	− 0.000 004 428 103 68	0.192 806 493 880 32
9	0.000 002 656 862 208	0.192 809 150 742 528
10	− 0.000 001 806 666 301 44	0.192 807 344 076 226 6
11	0.000 001 373 066 389 094 4	0.192 808 717 142 615 6
12	− 0.000 001 153 375 766 839 296	0.192 807 563 766 848 8
13	0.000 001 061 105 705 492 152	0.192 808 624 872 554 3
14	− 0.000 001 061 105 705 492 152	0.192 807 563 766 848 8
15	0.000 001 145 994 161 931 524	0.192 808 709 761 010 7
16	− 0.000 001 329 353 227 840 568	0.192 807 380 407 782 9
17	0.000 001 648 398 002 522 305	0.192 809 028 805 785 4
18	− 0.000 002 175 885 363 329 442	0.192 806 852 920 422 1
19	0.000 003 046 239 508 661 219	0.192 809 899 159 930 8
20	− 0.000 004 508 434 472 818 604	0.192 805 390 725 457 9
21	0.000 007 033 157 777 597 022	0.192 812 423 883 235 5
22	− 0.000 011 534 378 755 259 12	0.192 800 889 504 480 3
23	0.000 019 839 131 459 045 68	0.192 820 728 635 939 3
24	− 0.000 035 710 436 626 282 22	0.192 785 018 199 313 0
25	0.000 067 135 620 857 410 58	0.192 852 153 820 170 4
30	− 0.002 854 517 021 677 985	0.190 817 384 857 062 1
31	0.006 736 660 171 160 045	0.197 554 045 028 222 1
35	0.288 631 116 389 068 4	0.403 471 908 902 973 8
36	− 0.796 621 881 233 828 9	− 0.393 149 972 330 855
40	− 61.041 527 655 070 08	− 45.959 819 611 305 07
41	192.891 227 390 021 4	146.931 407 778 716 4

第 2 章

2.1 $x \gg 1$ のとき, e^{-s} の積分による部分積分

$$\int_x^\infty \frac{1}{s} e^{-s} ds = \left[-\frac{1}{s} e^{-s} \right]_x^\infty + \int_x^\infty \frac{-1}{s^2} e^{-s} ds$$

$$= \left[-\frac{1}{s} e^{-s} + \frac{1}{s^2} e^{-s} \right]_x^\infty - \int_x^\infty \frac{-1}{s^3} e^{-s} ds$$

のくりかえしにより

$$\int_x^\infty \frac{1}{s} e^{-s} ds$$
$$= \left(\frac{1}{s} - \frac{1}{s^2} + \cdots + (-1)^n \frac{(n-1)!}{s^n} \right) e^{-x} - (-1)^{n+1} \int_x^\infty \frac{n!}{s^{n+1}} e^{-s} ds$$

を得る. 最後の積分が誤差になる. その評価として

$$0 < \int_x^\infty \frac{n!}{s^{n+1}} ds < \frac{n!}{x^{n+1}} \int_x^\infty e^{-s} ds = \frac{n!}{x^{n+1}} e^{-s}$$

を採用し $\Delta_n(x)$ と書く. 与えられた x に対して, これを最小にする n をもとめよう. $\Delta_n / \Delta_{n-1} = n/x$ だから $\Delta_n(x)$ は $n < x$ では n とともに減少し, $n > x$ では増加する. よって, n が x に最も近いところで極小となる. これは, 上記の漸近級数の (絶対値において) 極小な項の番号にも一致している.

2.2 部分積分は 3 回しかできない:

$$\int_0^\infty e^{-xt} f(t) dt = \frac{1}{x} f(0) + \frac{1}{x^2} f'(0) + \frac{1}{x^2} f''(0) + \frac{1}{x^3} \int_0^\infty e^{-xt} f'''(t) dt.$$

2.3 問題の微分方程式を $\dfrac{d}{dx} e^{x^2/2} y = e^{x^2/2}$ と書きかえ

$$y(x) = e^{-x^2/2} \int_0^x e^{s^2/2} ds = e^{-x^2/2} \left(\int_0^1 e^{s^2/2} ds + \int_1^x e^{s^2/2} ds \right)$$

とした上で括弧内の第 2 の積分に部分積分をくりかえす.

2.4 略.

2.5 まず普通に部分積分をくりかえす. 計算を簡単にするため $\log(1+s^2) = 2\operatorname{Re} \log(s+i)$ とし, $2\operatorname{Re}$ は後でとることにする. 部分積分のくりかえしを図式的に書けば[*1] (第 1 段は省略)

[*1] 演習問題 1.6 の解答の中で説明した.

$$\int_0^\infty e^{-xs} \log(s+i) ds$$

$$\frac{1}{x}\left[\frac{-1}{x}e^{-xs}\frac{1}{s+i}\right]_0^\infty + \frac{1}{x}\int_0^\infty e^{-xs}\frac{-1}{(s+i)^2} ds$$

$$\frac{-1}{x^2}\left[\frac{-1}{x}e^{-xs}\frac{1}{(s+i)^2}\right]_0^\infty - \frac{1}{x^3}\int_0^\infty e^{-xs}\frac{-2}{(s+i)^3} ds$$

$$\frac{2}{x^3}\left[\frac{-1}{x}e^{-xs}\frac{1}{(s+i)^3}\right]_0^\infty + \frac{2}{x^4}\int_0^\infty e^{-xs}\frac{-3}{(s+i)^4} ds$$

$$\frac{-3!}{x^4}\left[\frac{-1}{x}e^{-xs}\frac{1}{(s+i)^4}\right]_0^\infty - \frac{3!}{x^5}\int_0^\infty e^{-xs}\frac{-4}{(s+i)^5} ds$$

$$\vdots \qquad\qquad \vdots$$

[⋯] の部分は $2\mathrm{Re}$ にしていえば

$$\int_0^\infty e^{-xs} \log(1+s^2) ds = 0 + \frac{2}{x^3} + 0 - \frac{2\cdot 3!}{x^5} + \cdots$$

を与える. 他方, $\log(1+s^2) = s^2 - \dfrac{s^4}{2} + \cdots$ として項別積分したら, $\displaystyle\int_0^\infty e^{-xs} s^k dk$

$= \dfrac{k!}{s^{k+1}}$ を用いて, 直ちに

$$\int_0^\infty e^{-xs} \log(1+s^2) ds = \frac{2!}{x^3} - \frac{4!}{2s^5} + \cdots$$

を得る. 2つの結果の一致は明らか.

2.6 $\cos t = \displaystyle\sum_{k=0}^\infty \frac{(-1)^k}{(2k)!} t^{2k}$, そして $\displaystyle\int_0^\infty t^{2k} e^{-xt^2} dt = \frac{(2k)!}{2^{2k+1} k!} \frac{1}{x^{k+\frac{1}{2}}}$ だから

$$\int_0^\infty e^{-xt^2} \cos t\, dt = \sum_{k=0}^\infty (-1)^k \frac{1}{2^{2k+1} k!} \frac{1}{x^k \sqrt{x}}. \tag{A.1}$$

$\sin t = \displaystyle\sum_{k=0}^\infty \frac{(-1)^k}{(2k+1)!} t^{2k+1}$, そして $\displaystyle\int_0^\infty t^{2k+1} e^{-xt^2} dt = \frac{k!}{2} \frac{1}{x^{k+1}}$ だから

$$\int_0^\infty e^{-xt^2} \sin t\, dt = \sum_{k=0}^\infty (-1)^k \frac{k!}{2(2k+1)!} \frac{1}{x^{k+1}}. \tag{A.2}$$

他方

$$2\int_0^\infty e^{-xt^2} \cos t\, dt = \int_{-\infty}^\infty e^{-xt^2 + it} dt = \int_{-\infty}^\infty e^{-x\{t - i/(2x)\}^2 - 1/(4x)} dt$$

$$= e^{-1/(4x)} \int_{-\infty}^\infty e^{-xt^2} dt = \sqrt{\frac{\pi}{x}} e^{-1/(4x)}. \tag{A.3}$$

この計算には e^{-xt^2} の複素 t 平面における解析性と $\arg t \in \left(-\dfrac{\pi}{4}, \dfrac{\pi}{4}\right), \left(\dfrac{3\pi}{4}, \dfrac{5\pi}{4}\right)$ において $|t| \to \infty$ とすると急速に $e^{xt^2} \to 0$ となること ($x > 0$ としている) を用いた.

$\int_0^\infty \mathrm{e}^{-xt^2} \sin t \, dt$ の計算には, $\sin t$ を $\sin \alpha t$ でおきかえた積分を $f(\alpha)$ として

$$\frac{\mathrm{d}}{\mathrm{d}\alpha} f(\alpha) = \int_0^\infty t \mathrm{e}^{-xt^2} \cos \alpha t \, dt = \left[\frac{-1}{2x} \mathrm{e}^{-xt^2} \cos \alpha t \right]_0^\infty - \frac{\alpha}{2x} \int_0^\infty \mathrm{e}^{-xt^2} \sin \alpha t \, dt$$

を $f(\alpha)$ に対する微分方程式とみる:

$$\frac{\mathrm{d}f(\alpha)}{\mathrm{d}\alpha} = \frac{1}{2x} - \frac{\alpha}{2x} f(\alpha), \quad \text{すなわち} \quad \frac{\mathrm{d}}{\mathrm{d}\alpha} \left[\mathrm{e}^{\alpha^2/(4x)} f(\alpha) \right] = \frac{1}{2x} \mathrm{e}^{\alpha^2/(4x)}.$$

よって $\int_0^\infty \mathrm{e}^{-xt^2} \sin t \, dt = \frac{1}{2x} \mathrm{e}^{-1/(4x)} \int_0^1 \mathrm{e}^{\alpha^2/(4x)} \mathrm{d}\alpha$. 部分積分して[*2]

$$\int_0^1 1 \times \mathrm{e}^{\alpha^2/(4x)} \mathrm{d}\alpha$$

$$\left[\alpha \mathrm{e}^{\alpha^2/(4x)} \right]_0^1 - \int_0^1 \alpha \frac{\alpha}{2x} \mathrm{e}^{\alpha^2/(4x)} \mathrm{d}\alpha$$

$$- \left[\frac{1}{2x} \frac{\alpha^3}{3} \mathrm{e}^{\alpha^2/(4x)} \right]_0^1 + \frac{1}{3} \frac{1}{2x} \int_0^1 \alpha^3 \frac{\alpha}{2x} \mathrm{e}^{\alpha^2/(4x)} \mathrm{d}\alpha$$

$$\vdots \qquad \vdots$$

から

$$\int_0^\infty \mathrm{e}^{-xt^2} \sin t \, dt = \sum_{k=0}^\infty (-1)^k \frac{1}{(2k+1)!!} \frac{1}{(2x)^{k+1}}. \tag{A.4}$$

2.7 略.

2.8 略.

2.9 略.

2.10 略.

2.11 略.

2.12 略.

第 3 章

3.1 $x = nt$ として $\Gamma(n+1) = n^{n+1} \int_0^\infty \exp[nf(t)] \mathrm{d}t$, $f(t) := -t + \log t$, 鞍点は $f'(t_0) = 0$ から $t_0 = 1$. そして, $f''(t_0) = -1$, $f(t_0) = -1$. したがって $\Gamma(n+1) = n^{n+1} \mathrm{e}^{-n} \int_{-\infty}^\infty \mathrm{e}^{-\frac{1}{2}nt^2} \mathrm{d}t$ となり $\Gamma(n+1) = \sqrt{2\pi n} \, n^n \mathrm{e}^{-n}$.

3.2 （ⅰ） $\theta = 0, \pi$ のとき

$$P_l(\pm 1) = \frac{1}{2^{l+1}\pi \mathrm{i}} \oint \frac{(z^2-1)^l}{(z \mp 1)^{l+1}} \mathrm{d}z = \frac{1}{2^{l+1}\pi \mathrm{i}} \oint \frac{(z \pm 1)^l}{z \mp 1} \mathrm{d}z = \begin{cases} 1 \\ (-1)^l \end{cases}$$

[*2] この図式的な記法は演習問題 1.6 の解答の中で説明した.

(ii) $\varepsilon<\theta<\pi-\varepsilon$ とする.
$$P_l(\cos\theta) = \frac{1}{2^{l+1}\pi\mathrm{i}} \oint \frac{1}{z-\cos\theta} \exp[lf(z)]\mathrm{d}z \qquad (\mathrm{A}.5)$$
ここに $f(z) := \log(z^2-1) - \log(z-\cos\theta)$. 鞍点は
$$f'(z) = \frac{2z}{z^2-1} - \frac{1}{z-\cos\theta} = 0 \quad \text{から} \quad z_\pm = \mathrm{e}^{\pm\mathrm{i}\theta}$$
の 2 つである.
$$f''(z) = -\frac{2(z^2+1)}{(z^2-1)^2} + \frac{1}{(z-\cos\theta)^2} = -\frac{2(z+z^{-1})}{z(z-z^{-1})^2} + \frac{1}{(z-\cos\theta)^2}$$
から鞍点における値は
$$f''(z_\pm) = \frac{\mathrm{e}^{\mp\mathrm{i}\theta}\cos\theta}{\sin^2\theta} - \frac{1}{\sin^2\theta} = \mp\mathrm{i}\frac{\mathrm{e}^{\mp\mathrm{i}\theta}}{\sin\theta}, \quad \frac{1}{z_\pm-\cos\theta} = \frac{\pm\mathrm{i}}{\sin\theta},$$
$$f(z_\pm) = \pm\mathrm{i}\theta + \log(\pm 2\mathrm{i}\sin\theta) - \log(\pm\mathrm{i}\sin\theta) = \pm\mathrm{i}\theta + \log 2.$$
したがって, 鞍点の近傍では
$$\mathrm{e}^{\mathrm{i}lf(z)} = \mathrm{e}^{\mathrm{i}lf(z_\pm)} \exp\left[\mp\frac{\mathrm{e}^{\mp\mathrm{i}\theta}}{\sin\theta}(z-z_\pm)^2\right]$$
となる. 積分路は, 元来, $\mp\mathrm{i}\mathrm{e}^{\mp\mathrm{i}\theta}(z-z_\pm)^2$ が負の実数となるように選ぶのだから, $\arg(z-z_\pm) = \pm\left(\frac{\pi}{4} + \frac{\theta}{2}\right) \pm \frac{\pi}{2}$ とする. これは, 原点を中心とする単位円 Γ (もとの (A.5) における積分路) に $z=z_\pm$ で引いた接線と角 $\frac{\pi}{4} - \frac{\theta}{2}$ をなし, この角は $\pi/4$ より小さいから, 積分路は Γ のままでも差し支えない. そうすると,
$$(2\text{ つの鞍点からの寄与の和}) = 2\mathrm{Re}(z_+ \text{ からの寄与}, I) \qquad (\mathrm{A}.6)$$
となる. z_+ の近傍で Γ に沿って $z = z_\pm + t\mathrm{e}^{\mathrm{i}(\frac{\pi}{2}+\theta)}$ $(-\delta \leq t \leq \delta)$ からの寄与は
$$I = \frac{1}{2^{l+1}\pi\mathrm{i}} \frac{1}{\sin\theta} \int_{-\delta}^{\delta} \frac{\mathrm{e}^{\mathrm{i}l\theta}}{\mathrm{i}} \exp\left[\frac{\mathrm{i}}{2}l\frac{\mathrm{e}^{\mathrm{i}\theta}}{\sin\theta}t^2\right] \mathrm{e}^{\mathrm{i}(\frac{\pi}{2}+\theta)} \mathrm{d}t$$
となる. $\frac{\mathrm{i}\mathrm{e}^{\mathrm{i}\theta}}{\sin\theta} = -1 + \mathrm{i}\cot\theta$ が負の実部をもつことに注意して $\sqrt{l}t = \xi$ とおけば
$$I = \frac{1}{2^{l+1}\pi\mathrm{i}} \frac{1}{\sqrt{l}\sin\theta} \int_{-\sqrt{l}\delta}^{\sqrt{l}\delta} \frac{\mathrm{e}^{\mathrm{i}l\theta}}{\mathrm{i}} \exp\left[\frac{\mathrm{i}}{2}\frac{\mathrm{e}^{\mathrm{i}\theta}}{\sin\theta}\xi^2\right] \mathrm{e}^{\mathrm{i}(\frac{\pi}{2}+\theta)} \mathrm{d}\xi \qquad (\mathrm{A}.7)$$
積分区間は $l \gg 1$ のとき無限大にして差し支えないので
$$P_l(\cos\theta) = 2\mathrm{Re}\frac{1}{\mathrm{i}}\sqrt{\frac{1}{2l\pi\sin\theta}} \exp\left[\mathrm{i}\left(l+\frac{1}{2}\right)\theta + \frac{\pi\mathrm{i}}{4}\right]$$
となる. したがって

$$P_l(\cos\theta) = \sqrt{\frac{2}{l\pi\sin\theta}} \sin\left[\left(l+\frac{1}{2}\right)\theta + \frac{\pi}{4}\right]. \quad (A.8)$$

(iii) $\sin\left[\left(l+\frac{1}{2}\right)\theta\right]$ $(l=1,2,\cdots)$ は θ に関して周期 $2\pi/l\left(l+\frac{1}{2}\right)$ をもつ．これは原点を中心とする半径 r の円周に沿う波長 $\lambda = 2\pi r/\left(l+\frac{1}{2}\right)$ を意味し，de Broglie の関係により動径に垂直な運動量 $p_\perp = \dfrac{\left(l+\frac{1}{2}\right)\hbar}{r}$ が対応する．角運動量にすれば $L := rp_\perp = \left(l+\frac{1}{2}\right)\hbar$ となり，その2乗は $\sim l(l+1)\hbar^2$ $(l\gg 1)$．これは，量子力学において $l=0,1,2,\cdots$ の $P_l(\cos\theta)$ が (角運動量)^2 の固有値 $l(l+1)\hbar^2$ の固有関数であるという事実，量子数 (この場合，l) が大きくなるにつれ漸近的に古典的描像が回復するという事実によく照応している．

3.3 $x = x_0 + t$, $x_0 := \sinh^{-1}(\nu/\xi)$ とおけば

$$K_\nu(\xi) = \frac{1}{2}\int_{-\sinh^{-1}(\nu/\xi)}^{\infty} \exp[\nu(x_0+t) - \xi\cosh(x_0+t)]dt.$$

ここで $\xi\cosh(x_0+t) = \xi\cosh x_0\cosh t + \nu\sinh t = (\xi\cosh x_0 - \nu)\cosh t + \nu e^t$ に注意し，かつ $\cosh x_0 = \sqrt{1+(\nu/\xi)^2}$ を用いれば

$$K_\nu(\xi) = \frac{1}{2}e^{\nu x_0}\int_{-\sinh^{-1}(\nu/\xi)}^{\infty} \exp[\nu(t-e^t)]\phi_1(t,\nu)dt,$$

ただし，$\phi_1(t,\nu) := \exp[-(\sqrt{\nu^2+\xi^2}-\nu)\cosh t]$ は $\nu \gg |\xi|$ のとき $\phi_1(t,\nu) \sim \exp\left[-\dfrac{\xi^2}{2\nu}\cosh t\right]$ となるから鞍点 t_* は指数関数の肩で因子 ν をもつ $f(t) := t - e^t$ から $f'(t_*) = 0$ で定める：$t_* = 0$．その近傍で $f(t) = -1 - \dfrac{1}{2}t^2$ だから $K_\nu(\xi) = \dfrac{1}{2}e^{\nu(x_0-1)}\int_{-\infty}^{\infty} e^{-\frac{\nu}{2}t^2}dt$．ただし，$\phi_1(t_*,\nu) = 1$ とした．

e^{x_0} は $\sinh x_0 = \nu/\xi$, $\cosh x_0 = \sqrt{1+(\nu/\xi)^2}$ から定まり

$$K_\nu(\xi) = \sqrt{\frac{\pi}{2\nu}}e^{-\nu}\left(\frac{\nu+\sqrt{\nu^2+\xi^2}}{\xi}\right)^\nu. \quad (A.9)$$

これは $O(\xi/\nu)$ まで正しい．$\phi_1(t_*,\nu) \sim 1$ としたので $O(\xi/\nu^2)$ は無視している．もし $\phi_1(t_*,\nu) \sim 1$ とせずに

$$e^{\nu(t-e^t)}\phi_1(t,\nu) = \exp[f_\nu(t)], \quad f_\nu(t) := \nu(t-e^t) - (\sqrt{\nu^2+\xi^2}-\nu)\cosh t$$

に入れ，鞍点 $t_* = 0$ 近傍の被積分関数の振る舞いを

$$f(t_*) = f_\nu''(t_*) = -\nu - (\sqrt{\nu^2+\xi^2}-\nu) = -\sqrt{\nu^2+\xi^2}$$

から定めると，(A.9) は

$$K_\nu(\xi) = \sqrt{\frac{\pi}{2\sqrt{\nu^2+\xi^2}}}\, e^{-\sqrt{\nu^2+\xi^2}} \left(\frac{\nu+\sqrt{\nu^2+\xi^2}}{\xi}\right)^\nu. \quad \text{(A.10)}$$

に変わり，これは $O(\xi/\nu^2)$ まで正しい．

なお，鞍点を $f'_\nu(t_*) = \nu(e^{t_*}-1) - (\sqrt{\nu^2+\xi^2}-\nu)\sinh t_* = 0$ から定めても，やはり $t_* = 0$ となるが，鞍点は被積分関数のうち指数関数の肩で因子 ν をもつ部分 $\exp[\nu f(t)]$ から定めるのが本来である．

3.4 略．
3.5 略．
3.6 略．
3.7 略．
3.8 略．
3.9 略．
3.10 略．
3.11 略．

第 4 章

4.1

(A)：$\Psi(\sigma) = \sum_{n=0}^{\infty}(1\cdot\sigma^{3n} + 0\cdot\sigma^{3n+1} + (-1)\cdot\sigma^{3n+2}) = \dfrac{1-\sigma^2}{1-\sigma^3} \xrightarrow[\sigma\uparrow 1]{} \dfrac{2}{3}$.

(C.1)：$s_{3n} = s_{3n+1} = 1,\ s_{3n+2} = 0$　故　$\Phi(\sigma) = \dfrac{s_0+s_1+\cdots+s_\sigma}{\sigma+1} \xrightarrow[\sigma\to\infty]{} \dfrac{2}{3}$.

(B)：$s_{3n} = s_{3n+1} = 1,\ s_{3n+2} = 0$ だから $\Phi(\sigma) := e^{-\sigma}\sum_{n=0}^{\infty}\dfrac{s_n}{n!}\sigma^n$

$= e^{-\sigma}(A_0+A_1)$. ここに，$A_k := \sum_{n=0}^{\infty}\dfrac{1}{(3n+k)!}\sigma^{3n+k}$ $(k=0,1,2)$. そこで

$$\begin{aligned} A_0 + A_1 + A_2 &= e^\sigma \\ A_0 + \omega A_1 + \omega^2 A_2 &= e^{\omega\sigma} \qquad (\omega := e^{2\pi i/3}) \\ A_0 + \omega^2 A_1 + \omega^4 A_2 &= e^{\omega^2\sigma} \end{aligned}$$

(第 2 行)$\times \omega +$ (第 3 行)$\times \omega^2$ をつくると $-(A_0+A_1)+A_2 = \omega e^{\omega\sigma} + \omega^2 e^{\omega^2\sigma}$．これと第 1 行を辺々加えて $A_2 = \dfrac{1}{3}(e^\sigma + \omega e^{\omega\sigma} + \omega^2 e^{\omega^2\sigma})$．したがって

$$\Phi(\sigma) = e^{-\sigma}\{(A_0+A_1+A_2) - A_2\} = e^{-\sigma}(e^\sigma - A_2).$$

$\sigma \to \infty$ とすれば,$e^{-\sigma}A_2 \to 1/3$ となるから $\Phi(\sigma) \to 2/3$. すなわち,Borel 総和は 2/3. したがって,(B′)-総和も (B*)-総和も同じく 2/3.

4.2 $s_n = \dfrac{1-(-z)^{n+1}}{1+z}$ より,$|z| \leqq 1$ なら

$$\Phi(\sigma) = \frac{1}{1+z} - \frac{1}{\sigma+1} \frac{-z}{1+z} \frac{1-(-z)^{\sigma+1}}{1+z} \xrightarrow[\sigma \to \infty]{} \frac{1}{1+z}.$$

よって,$|z| \leqq 1$ なら (C,1)-総和可能で,総和は $z/(1+z)$. 例 4.3 の (A)-総和と一致している.これはフーリエ級数のパラドックスの場合にも $z = e^{i\phi}$ として成り立ち,パラドックスはそのまま残る.

4.3 例 4.4 で試してみる.それは:$\sum_{n=0}^{\infty} a_n,\ a_n := \sum_{p=0}^{\infty} \dfrac{(-1)^p}{(2p+1)!}(2p+2)^n$. 番号を 1 つずらし $\sum_{n=0}^{\infty} a_{n+1}$ に対して

$$\sum_{n=0}^{\infty} \frac{a_{n+1}}{n!}\sigma^n = \sum_{n=0}^{\infty} \sum_{p=0}^{\infty} \frac{(-1)^p}{(2p+1)!n!}(2p+2)^{n+1}\sigma^n = \sum_{p=0}^{\infty} \frac{(-1)^p(2p+2)}{(2p+1)!}e^{(2p+2)\sigma}$$

$$= \frac{d}{d\sigma}(e^\sigma \sin e^\sigma) = e^\sigma \sin e^\sigma + e^{2\sigma} \cos e^\sigma$$

第 2 行の第 1 項 $B_1(\sigma)$ に対しては $\int_0^\infty e^{-\sigma} B_1(\sigma) d\sigma$ は有限だが,第 2 項 $B_2(\sigma)$ に対する $\int_0^\infty e^{-\sigma} B_2(\sigma) = \int_0^\infty e^\sigma \cos e^\sigma d\sigma = \sin e^\sigma \big|_0^\infty$ は収束しない.したがって $\sum_{n=0}^{\infty} a_{n+1}$ は (B′)-総和可能ではない.$\sum_{n=0}^{\infty} a_n = \int_0^\infty \dfrac{\sin t}{t} dt$ (B′) なのだが.

4.4 $C_\sigma^{(k)}$ は $A_{\sigma-n}^{(k-1)}$ を重みとする $s_n\ (n=0,\cdots,\sigma)$ の平均値である.重みの総和が,$\sum_{n=0}^{\sigma} A_{\sigma-n}^{(k-1)} = A_\sigma^{(k)}$ であること:$A_{\sigma-n}^{(k-1)} = {}_{k+\sigma-n-1}C_{\sigma-n} = {}_{k+\sigma-n-1}C_{k-1}$ は $(1+x)^{k+\sigma-n-1}$ の x^{k-1} の係数である.したがって $\sum_{n=0}^{\sigma} A_{\sigma-n}^{(k-1)}$
$= \sum_{n=0}^{\sigma} {}_{k+\sigma-n-1}C_{k-1}$ は $\sum_{n=0}^{\sigma}(1+x)^{k+n-1} = \dfrac{(1+x)^{k+\sigma}-1}{x}$ の x^{k-1} の係数である.すなわち,${}_{k+\sigma}C_k = {}_{\sigma+k}C_\sigma = A_\sigma^{(k)}$. ∎

$k=0$ のとき:

$$A_{\sigma-n}^{(k-1)} = A_{\sigma-n}^{(-1)} = {}_{\sigma-n-1}C_{\sigma-n} = \frac{(\sigma-n-1)!}{(-1)!(\sigma-n)!} = \begin{cases} 1 & (n=\sigma) \\ 0 & (0 \leqq n < \sigma) \end{cases}$$

である.なぜなら,$(-1)! = \Gamma(0) = \int_0^\infty s^{-1}e^{-s}ds$ は発散するからである.また $A_\sigma^{(0)}$
$= {}_\sigma C_\sigma = 1$. よって $C_\sigma^{(k)} = s_\sigma = \sum_{n=0}^{\sigma} a_n$ となる.(C,0)-総和可能とは,これが $\sigma \to \infty$ の極限をもつことで,すなわち級数 $\sum_{n=0}^{\infty} a_n$ が収束することである.

$\underline{k=1 \text{のとき}:}$

$$A_{\sigma-n}{}^{(k-1)} = A_{\sigma-n}{}^{(0)} = {}_{\sigma-n}\mathrm{C}_{\sigma-n} = 1, \quad A_\sigma{}^{(k)} = A_\sigma{}^{(1)} = {}_{\sigma+1}\mathrm{C}_\sigma = \sigma+1$$

であるから $C_\sigma^{(1)} = \left\{\sum_{n=0}^{\sigma} s_n\right\} \big/ (\sigma+1)$ となる. その $\sigma \to \infty$ の極限は $(C,1)$-和にほかならない.

<u>正則性の証明</u> $\{s_n\}$ を収束数列とし,極限を S とする.

$$\varphi_n(\sigma) = \begin{cases} \dfrac{A_{\sigma-n}{}^{(k-1)}}{A_\sigma{}^{(k)}} = \dfrac{{}_{\sigma+k-n-1}\mathrm{C}_{k-1}}{{}_{\sigma+k}\mathrm{C}_k} & (n \leqq \sigma) \\ 0 & (n > \sigma) \end{cases}$$

として補題 4.1 を次の形で用いる:

 (1) 各 n ごとに $\lim_{\sigma\to\infty}\varphi_n(\sigma)=0$, (2) $\lim_{\sigma\to\infty}\sum_{n=0}^{\infty}\varphi_n(\sigma)=1$, (3) の条件は $\varphi_n(\sigma)>0$ なので (2) から導かれる. このとき $\lim_{\sigma\to\sigma_0}\sum_{n=0}^{\infty}s_n\varphi_n(\sigma)=S$ となり (C,k)-総和法は正則である.

 (1) の検証: $\varphi_n(\sigma) = \dfrac{k!}{(k-1)!}\dfrac{(\sigma-n+k-1)!}{(\sigma-1)!}\dfrac{\sigma!}{(\sigma+k)!} \xrightarrow[\sigma\to\infty]{} 0.$

 (2) の検証: $A_{\sigma-n}{}^{(k-1)} = \dfrac{1}{(k-1)!}(\sigma+k-n-1)(\sigma+k-n-2)\cdots(\sigma-n+1)$
は次の差の形に書くことができる:

$$\frac{1}{k!}\left\{(\sigma+k-n)\langle\sigma+k-n-1|\sigma-n+1\rangle - \langle\sigma+k-n-1|\sigma-n+1\rangle(\sigma-n)\right\}$$

ここに $\langle\sigma+k-n-1|\sigma-n+1\rangle := (\sigma+k-n-1)(\sigma+k-n-2)\cdots(\sigma-n)$.

したがって $\sum_{n=0}^{\sigma} A_{\sigma-n}{}^{(k-1)} = \dfrac{1}{k!} \times :$

$$\begin{array}{rl}
k\langle k-1|1\rangle & - \quad 0 \\
+(k+1)\langle k|2\rangle & - \quad \langle k|2\rangle \cdot 1 \\
\vdots & \quad \vdots \\
+(\sigma+k-n)\langle\sigma+k-n-1|\sigma-n+1\rangle & - \quad \langle\sigma+k-n-1|\sigma-n+1\rangle(\sigma-n) \\
\vdots & \quad \vdots \\
+(\sigma+k-1)\langle\sigma+k-2|\sigma\rangle & - \quad \langle\sigma+k-2|\sigma-2\rangle(\sigma-1) \\
+(\sigma+k)\langle\sigma+k-1|\sigma+1\rangle & - \quad \langle\sigma-k-1|\sigma+1\rangle\sigma.
\end{array}$$

引き続く上下 2 行の左側と右側とが正負相殺するので

$$\sum_{n=0}^{\sigma} A_{\sigma-n}{}^{(k-1)} = \frac{1}{k!}(\sigma+k)(\sigma+k-1)\cdots(\sigma+1) = \frac{(\sigma+k)!}{k!\sigma!} = A_\sigma{}^{(k)}. \tag{A.11}$$

よって $\sum_{n=0}^{\sigma}\varphi_n(\sigma)=1$ であり, 極限にいっても $\lim_{\sigma\to\infty}\sum_{n=0}^{\sigma}\varphi_n(\sigma)=1$.

(1), (2) が検証されたので (C,k)-総和法は正則である．なお，(A.11) は $\sum_{q=k-1}^{p-1} {}_q C_{k-1} = {}_p C_k$ という組み合わせ数の公式として知られている．

<u>拡張性の証明</u> 級数 $\sum_{n=0}^{\infty} a_n$ で，$\sigma \to \infty$ のとき $C_\sigma^{(k)}$ は収束しないが $C_\sigma^{(k+1)}$ は収束するという例をみつければよい．$\sum_{n=0}^{\infty} a_n, a_n := (-1)^n {}_{n+k}C_k$ が，その例になる．証明の準備：一般に $C_\sigma^{(k)} = \sum_{n=0}^{\sigma} {}_{\sigma+k-1-n}^{(k-1)} s_n \big/ {}_{\sigma+k}C_k$ なので，この分子を $S_\sigma^{(k)}$ とおく．すると，$\frac{1}{(1-x)^k} = 1 + {}_kC_1 x + {}_{k+1}C_2 x^2 + \cdots$ ($|x|<1$) に多項式 $s_0 + s_1 x + \cdots + s_n x^n + \cdots$ をかけ，積を x のベキに展開したときの x^σ の係数が $S_\sigma^{(k)}$ になる．また，$\sum_{n=0}^{\infty} s_n x^n$ は $\sum_{n=0}^{\infty} x^n \sum_{m=0}^{n} a_m = \sum_{m=0}^{\infty} a_m \sum_{n=m}^{\infty} x^n$ となり $\sum_{m=0}^{\infty} \frac{x^m}{1-x} a_m$ に等しい．

級数 $\sum_{n=0}^{\infty} a_n$ の場合：

$$\sum_{n=0}^{\infty} s_n x^n = \frac{1}{1-x} \sum_{m=0}^{\infty} (-1)^m {}_{m+k}C_k x^m = \frac{1}{1-x} \frac{1}{(1+x)^{k+1}}$$

となるから

$$\sum_{\sigma=0}^{\infty} S_\sigma^{(k)} x^\sigma \frac{1}{(1-x)^k} \sum_{n=0}^{\infty} s_n x^n = \frac{1}{(1-x^2)^{k+1}} \qquad (A.12)$$

となる．最右辺を展開すれば $\sum_{s=0}^{\infty} {}_{s+k}C_k x^{2s}$ となるから

$$S_\sigma^{(k)} = \begin{cases} {}_{s+k}C_k & (\sigma = 2s) \\ 0 & (\sigma = 2s+1) \end{cases} \qquad (s = 0, 1, 2, \cdots)$$

を得る．したがって

$$C_\sigma^{(k)} = \frac{S_\sigma^{(k)}}{{}_{\sigma+k}C_\sigma} = \begin{cases} {}_{s+k}C_k \big/ {}_{\sigma+k}C_\sigma \xrightarrow[\sigma \to \infty]{} 1/2^k & (\sigma : \text{even}) \\ 0 & (\sigma : \text{odd}) \end{cases}$$

となる．これは $\sigma \to \infty$ で収束しない (σ の偶奇で異なる！) から $\sum_{n=0}^{\infty} (-1)^n {}_{n+k}C_k$ は $C_\sigma^{(k)}$-総和可能でない．

$C_\sigma^{(k+1)}$-総和法では，どうか？ $\sum_{n=0}^{\infty} a_n, a_n = (-1)^n {}_{n+k}C_k$ の k は変えないので $\sum_{n=0}^{\infty} s_n x^n = \frac{1}{1-x} \frac{1}{(1-x)^{k+1}}$ は変らない．これを $\frac{1}{(1-x)^{k+1}}$ にかけ，x のベキに展開すると x^σ の係数が $S_\sigma^{(k+1)}$ になる．すなわち

$$\sum_{\sigma=0}^{\infty} S_\sigma^{(k+1)} x^\sigma = \frac{1}{1-x} \frac{1}{(1-x^2)^{k+1}}. \qquad (A.13)$$

$S_\sigma^{(k+1)}$ を既知の $S_\sigma^{(k)}$ で表わすため，(A.12) を考慮して，σ が $2s$ か $2s+1$ かによらず $S_\sigma^{(k+1)} = S_0^{(k)} + S_1^{(k)} + \cdots + S_{s+k}^{(k)}$ を得る．右辺は (A.11) の下に注意した組み合わせ数の公式より ${}_{s+k+1}C_{k+1}$ に等しいから $\lim_{\sigma \to \infty} S_\sigma^{(k+1)} \big/ {}_{\sigma+k+1}C_{k+1} = 1/2^{k+1}$ を得る．今度は収束した．$\sum_{n=0}^{\infty} (-1)^n {}_{n+k}C_k$ は $C_\sigma^{(k+1)}$-総和可能である．

4.5
$$\sum_{n=0}^{\infty} \frac{s_n}{n!} \sigma^n \text{ の収束半径は } \infty \text{ だから } \overline{\lim_{n \to \infty}} \left(\frac{|s_n|}{n!} \right)^{1/n} = 0. \quad (\text{A.14})$$

他方，$|a_n| = |s_n - s_{n-1}| \le |s_n| + |s_{n-1}|$ から

$$\left(\frac{|a_n|}{n!} \right)^{1/n} \le \left(\frac{|s_n| + |s_{n-1}|}{n!} \right)^{1/n} \le \left(\frac{|s_n|}{n!} \right)^{1/n} + \left(\frac{|s_n|}{n!} \right)^{1/n}.$$

右辺第 1 項の $\overline{\lim_{n \to \infty}}$ は (A.14) より 0．第 2 項も

$$\left(\frac{|s_{n-1}|}{n!} \right)^{1/n} \le \left\{ \left(\frac{|s_{n-1}|}{(n-1)!} \right)^{1/(n-1)} \right\}^{(n-1)/n}$$

により同じ．よって $\sum_{n=0}^{\infty} \frac{a_n}{n!}$ の収束半径は ∞．

4.6 本文 §4.3 (b) にあるとおり $\lim_\sigma \Phi(\sigma)$ を用いた総和法—(C), (A), (B)—は線形なので $\sum(a_n + b_n)$ も総和可能．(B$'$), (B*) についても線形性が成り立つので $\sum(a_n + b_n)$ も総和可能．

4.7 (C, 1)-総和法の場合

(i) e^{ikx}: $\int_0^x dt \int_0^t e^{iks} ds = \frac{1}{k^2}(1 - e^{ikx}) - \frac{x}{ik}$

これを x で割って $x \to \infty$ の極限をとる．$\int_0^\infty e^{ikx} dx = \frac{i}{k}$ (C, 1).

(ii) $\left. \begin{array}{c} \cos kx \\ \sin kx \end{array} \right\}$: (i) の実部，虚部をとり $\int_0^\infty \left\{ \begin{array}{c} \cos kx \\ \sin kx \end{array} \right\} dx = \left\{ \begin{array}{c} 0, \\ 1/k \end{array} \right.$ (C, 1).

(iii) $\cos^2 kx = \frac{1}{2}(\cos 2kx + 1)$: (ii) より $\int_0^\infty \cos 2kx \, dx = 0$ (C, 1).

他方 $\frac{1}{x} \int_0^x dt \int_0^t ds = \frac{x}{2} \xrightarrow[x \to \infty]{} \infty$.

したがって，$\int_0^\infty \cos^2 x \, dx$ は (C.1) の意味でも収束しない．

(iv) $x^n e^{ikx}$ ($n \ge 1$): 積分順序を変えた $\int_0^x dt \int_0^t ds \, f(s) = \int_0^x (x-s) f(s) ds$ で調べる．$f(s) = s^n e^{iks}$ のとき，$\int_0^x s^n e^{iks} ds = x I_n(x) - I_{n+1}(x)$．ただし，

$$I_n(x) := \int_0^x s^n e^{iks} ds = \left[\frac{1}{ik} s^n e^{iks}\right]_0^x - \frac{n}{ik} I_{n-1}, \quad I_n(x) = O(x^n) \ (x \to \infty)$$

したがって

$$\int_0^x dt \int_0^t ds s^n e^{iks} ds = \frac{x^{n+1}}{ik} e^{ikx} - \left(\frac{1}{ik} x^{n+1} e^{ikx} + \frac{n+1}{(ik)^2} x^n e^{ikx} - O(x^{n-1})\right).$$

となり $O(x^{n+1})$ の項は相殺するが $O(x^n)$ は残る。x で割って $x \to \infty$ とすると $n \geq 2$ では発散，$n=1$ でも因子 e^{ikx} のため実部も虚部も発散．したがって，$x^n e^{ikx} \ (n \geq 1)$ は (C, 1) の意味でも積分可能でない．

（v） $\sin kx - \dfrac{1}{1!} x \sin kx + \cdots + \dfrac{(-1)^n}{n!} x^n \sin kx + \cdots = e^{-x} \sin kx$ に等しい．これは普通の意味で積分できて $\displaystyle\int_0^\infty e^{-x} \sin kx dx = \dfrac{k}{1+k^2}$．したがって，総和法の正則性を証明すれば，この積分が答になる．

証明 ここでは $f(x)$ を $x > 0$ の任意の有界区間で積分可能な関数として (C, 1)-総和法の正則性を証明する．すなわち，$\displaystyle\int_0^\infty f(x) dx = I$ なら $\displaystyle\lim_{x \to \infty} \frac{1}{x} \int_0^x F(t) dt = I$ となることを示す．ここに $F(t) := \displaystyle\int_0^t f(t) dt$．

$\displaystyle\sup_{0 \leq t \leq N} |F(t) - I| = M_N$ とおく．仮定により $\displaystyle\int_0^\infty f(x) dx$ は I に収束しているから，任意の $\varepsilon > 0$ に対して $N(\varepsilon) > 0$ が存在し $t > N(\varepsilon)$ なるすべての t に対して $|F(t) - I| < \varepsilon$ となる．この $N(\varepsilon)$ を 1 つ固定し，上に定めた M_N を用いて $A > NM_N/\varepsilon$, N をとると，これより大きい任意の x に対して

$$\left|\int_0^x F(t) dt - I\right| \leq \int_0^x |F(t) - I| dt \leq \int_0^N |F(t) - I| dt + \int_N^\infty |F(t) - I| dt$$

となり，x で割れば

$$\left|\frac{1}{x} \int_0^x F(t) dt - I\right| \leq \frac{1}{x} \left(\int_0^N + \int_N^x\right) |F(t) - I| dt \leq \frac{1}{A} NM_N + \frac{x-N}{x} \varepsilon \leq 2\varepsilon$$

となる．ε は任意だったから $\displaystyle\lim_{x \to \infty} \frac{1}{x} \int_0^x F(t) dt = I$．

（vi） $\cos kx - \dfrac{1}{1!} x^2 \cos kx + \cdots + \dfrac{(-1)^n}{n!} x^{2n} \cos kx + \cdots = e^{-x^2} \cos kx$ に等しい．これは(v)と同様．普通の意味の積分 $\displaystyle\int_0^\infty e^{-x^2} \cos kx dx = \dfrac{\sqrt{\pi}}{2} e^{-k^2/4}$ が答である．

微分との交換

（i） $\dfrac{d}{dk} e^{ikx} = ix e^{ikx}$：これは積分できない．他方，$\dfrac{d}{dk} \displaystyle\int_0^\infty e^{ikx} dx = \dfrac{d}{dk} \dfrac{i}{k} = -\dfrac{i}{k^2}$ となる．微分と積分の順序は交換できない．

(ii) $\cos kx$, $\sin kx$: (i) から交換不可能.

(iii) $\cos^2 kx$: 積分できない. まず微分すると $-k\sin 2kx$ となり, 積分できて $\int_0^\infty -k\sin 2kx \mathrm{d}x = -\dfrac{1}{2}$ (C, 1).

(iv) $x^n \cos kx, x^n \sin kx \ (n \geqq 1)$: 積分できない. 微分しても, なお積分できない.

(v) $\mathrm{e}^{-x}\sin kx$, (vi) $\mathrm{e}^{-x^2}\cos kx$: 積分が一様収束しているので微分とは交換可能.

<u>(A) の場合</u> $\lim_{\varepsilon\downarrow 0}\int_0^\infty f(x)\mathrm{e}^{-\varepsilon x}\mathrm{d}x$ をとる.

(i) $\mathrm{e}^{\mathrm{i}x}$: $\lim_{\varepsilon\downarrow 0}\int_0^\infty \mathrm{e}^{\mathrm{i}kx}\mathrm{e}^{-\varepsilon x}\mathrm{d}x = \lim_{\varepsilon\downarrow 0}\dfrac{-1}{\mathrm{i}k-\varepsilon} = \dfrac{\mathrm{i}}{k}$.

(ii) $\cos kx, \sin kx$: (i) の実数部分, 虚数部分をとって
$$\int_0^\infty \cos kx\,\mathrm{d}x = 0, \quad \int_0^\infty \sin kx\,\mathrm{d}x = \dfrac{1}{k} \quad (\mathrm{A})$$

(iii) $\cos^2 kx$: $\lim_{\varepsilon\to 0}\int_0^\infty \cos^2 kx\, \mathrm{e}^{-\varepsilon x}\mathrm{d}x = \lim_{\varepsilon\downarrow 0}\dfrac{1}{2}\left(\dfrac{1}{\varepsilon}+\dfrac{\varepsilon}{\varepsilon^2+4}\right)$ は収束しない.

(iv) $x^n \mathrm{e}^{\mathrm{i}kx}$: $\lim_{\varepsilon\downarrow 0}\int_0^\infty x^n \mathrm{e}^{(\mathrm{i}k-\varepsilon)x}\mathrm{d}x = \lim_{\varepsilon\downarrow 0}\dfrac{n!}{(\varepsilon-\mathrm{i}k)^{n+1}} = \dfrac{\mathrm{i}^{n+1}n!}{k^{n+1}}$.

$$\int_0^\infty x^n \cos kx\,\mathrm{d}x = \begin{cases} (-1)^n n!/k^{n+1} & (n=2m-1) \\ 0 & (n=2m) \end{cases},$$

$$\int_0^\infty x^n \sin kx\,\mathrm{d}x = \begin{cases} (-1)^n n!/k^{n+1} & (n=2m) \\ 0 & (n=2m-1) \end{cases}.$$

(v) $\mathrm{e}^{-x}\cos ka$, $\mathrm{e}^{-x}\sin kx$ は積分が普通の意味で収束している. その答が, そのまま, ここでの答になる. なぜなら, 極限 $\lim_{\varepsilon\downarrow 0}$ と積分の順序が交換できるからである.

<u>微分との順序の交換</u>

(i) $\int_{\varepsilon\downarrow 0}\int_0^\infty \left(\dfrac{\mathrm{d}}{\mathrm{d}k}\mathrm{e}^{\mathrm{i}kx}\right)\mathrm{e}^{-\varepsilon x}\mathrm{d}x = -\dfrac{\mathrm{i}}{k^2}$,

$\dfrac{\mathrm{d}}{\mathrm{d}k}\int_0^\infty \mathrm{e}^{\mathrm{i}kx}\mathrm{e}^{-\varepsilon x}\mathrm{d}x = \dfrac{\mathrm{d}}{\mathrm{d}k}\dfrac{\mathrm{i}}{k} = -\dfrac{\mathrm{i}}{k^2}$.

よって, 微分と (A) 積分は交換可能.

(ii) (i) より, 交換可能.

(iii) (A) 積分は収束しない. 先に微分すれば $\lim_{\varepsilon\downarrow 0}\int_0^\infty -k\sin 2kx\, \mathrm{e}^{-\varepsilon x}\mathrm{d}x = -\dfrac{1}{2}$ (A). 交換は不可能.

(iv) $\displaystyle\lim_{\varepsilon\downarrow 0}\int_0^\infty \left(\frac{\mathrm{d}}{\mathrm{d}k}x^n\mathrm{e}^{\mathrm{i}kx}\right)\mathrm{e}^{-\varepsilon x}\mathrm{d}x = \lim_{\varepsilon\downarrow 0}\int_0^\infty (\mathrm{i}x)^{n+1}\mathrm{e}^{(\mathrm{i}k-\varepsilon)x}\mathrm{d}x$
$$= \frac{\mathrm{i}^{n+2}(n+1)!}{k^{n+2}}$$

は

$$\frac{\mathrm{d}}{\mathrm{d}k}\int_0^\infty x^n\mathrm{e}^{(\mathrm{i}k-\varepsilon)x}\mathrm{d}x = \frac{\mathrm{d}}{\mathrm{d}k}\frac{\mathrm{i}^{n+1}n!}{k^{n+1}}$$

と一致する.

よって $\displaystyle\int_0^\infty x^n\cos kx\,\mathrm{d}x$, および $\displaystyle\int_0^\infty x^m\sin kx\,\mathrm{d}x$ (A) は微分と交換可能.

(vi) 明らかに微分と交換可能.

4.8 $\displaystyle\sum_{n=0}^\infty a_n$ に $\displaystyle B(\sigma):=\sum_{n=0}^\infty \frac{a_n}{n!}\sigma^n$ を対応させると,$\displaystyle\sum_{n=0}^\infty a_nx^n$ には $B(\sigma x)$ が対応する.

"$B(\sigma)$ の収束半径は ∞,かつ $\displaystyle\int_0^s \mathrm{e}^{-\sigma}B(\sigma)\mathrm{d}\sigma$ は収束

$\displaystyle\Longrightarrow \int_0^s \mathrm{e}^{-\sigma}B(\sigma x)\mathrm{d}\sigma\ (s\to\infty)$ は $x\in[0,1]$ に関して一様に収束"

を証明する.$\displaystyle\varphi(s):=\int_0^s\mathrm{e}^{-\sigma}B(\sigma)\mathrm{d}\sigma$ は $s\to\infty$ で収束し,s に関して連続なので $|\varphi(s)|<M\ (0\leqq s\leqq\infty)$ となる M が存在する.$\displaystyle F(x;\sigma_1,\sigma_2):=\int_{\sigma_1}^{\sigma_2}\mathrm{e}^{-\sigma}B(\sigma x)\mathrm{d}\sigma$ とおく.これは $x=1$ では仮定により $\sigma_k\to\infty\ (k=1,2)$ で 0 に収束する.$0<\varepsilon<x\leqq 1$ での収束をいうため $1/x=1+\theta\ (0\leqq\theta<1/\varepsilon)$ とおき,σx をあらためて σ とおくと,ラプラス変換の収束座標の場合と同様,部分積分により

$$F(x;\sigma_1,\sigma_2) = \frac{1}{x}\left[\mathrm{e}^{-\theta\sigma}\varphi(\sigma)\right]_{\sigma_1 x}^{\sigma_2 x} + \frac{\theta}{x}\int_{\sigma_1 x}^{\sigma_2 x}\mathrm{e}^{-\theta\sigma}\varphi(\sigma)\mathrm{d}\sigma \quad (\mathrm{A}.15)$$

となる.右辺の第 2 項は $\theta=0$ なら,ない.$\theta>0$ のときには

$$\frac{\theta}{x}M\int_{\sigma_1 x}^{\sigma_2 x}\mathrm{e}^{-\theta\sigma}\mathrm{d}\sigma = \frac{M}{x}(\mathrm{e}^{-\theta\sigma_2}-\mathrm{e}^{-\theta\sigma_1}) \leqq \frac{M}{\varepsilon}\exp\left[-\left(\frac{1}{\varepsilon}-1\right)\sigma_2\right]$$

は $\sigma_k\to\infty$ で $-\varepsilon$ の値によらず一様に -0 にゆく.実際,これは $M\mathrm{e}^{-\sigma_2}g(\varepsilon)$ より小さい.ここに

$$g(\varepsilon) = \frac{1}{\varepsilon}\exp\left[-\left(\frac{1}{\varepsilon}-2\right)\right] \to 0 \quad (\varepsilon\downarrow 0)$$

は $\varepsilon\downarrow 0$ で 0 となる.(A.15) の第 1 項も同様に 0 にゆく.$x=0$ での収束は自明である.これで,$\displaystyle\int_0^{\sigma_1}\mathrm{e}^{-\sigma}\sum_{n=0}^\infty a_nx^n\frac{\sigma^n}{n!}$ が $x\in[0,1]$ に関して一様に収束することが証明された.

一様収束だから $\int_0^\infty e^\sigma B(\sigma x)d\sigma$ の極限 $\lim_{x\uparrow 1}$ は $x=1$ における値 $\int_0^\infty e^\sigma B(\sigma)d\sigma$ に等しい．

4.9 (i) $f(z)$ の特異点は $z=c$ における極であり，他にはない．したがって，$f(z)$ が解析的な領域として本文の図 4.1 のような円板をとるなら，$f(z)$ を円の中心のまわりに Taylor 展開したと考えて，原点 O と特異点 $z=c$，およびその実軸に関する鏡像 $z=\bar{c}$ を通る円の内部，すなわち問題に与えられた D_c にとれる．円周が実軸を切る点は $R=1/(\mathrm{Re}\,c)=|c|^2/(\mathrm{Re}\,c)\geqq|c|$．また，$f(z)$ は原点のまわりで (4.39) をみたす．ここに，$a_n=1/(c^{n+1})$．よって，W-N-S の定理 4.4 が適用できる．

(ii) (B^*)-総和法．$B(\tau)=\sum_{n=0}^\infty \dfrac{1}{n!}\dfrac{z^n}{c^{n+1}}\tau^n=\dfrac{1}{c}e^{z\tau/c}$ は平面の全域で収束している．$\int_0^\infty e^{-\tau}B(\tau)d\tau=\dfrac{1}{c}\int_0^\infty \exp\left[-\left(1-\dfrac{z}{c}\right)\tau\right]d\tau$ は $\mathsf{H}=\left\{z\,\middle|\,\mathrm{Re}\left(\dfrac{z}{c}\right)<1\right\}$ において有限確定である．この領域は $z=x+iy,\ c=c'+ic''$ として書けば $\mathrm{Re}\left(\dfrac{z}{c}\right)=\dfrac{xc'+yc''}{|c|^2}<1$ から $z=c$ の点 C を通り OC に垂直な直線の原点側である．

(iii) $\mathsf{D}_c\cap\mathsf{H}_c$ は空でない．そこで 2 つの積分表示は同じ $\dfrac{1}{z-c}$ を与える．それぞれの領域内での解析性から互いに他の解析接続になっている．

4.10 各 H_{c_p} は原点を含むので，それらの共通部分は空でない．

4.11 (B^*)-総和法における Borel 級数は
$$B(\sigma)=\sum_{n=0}^\infty \frac{a_n}{n!}(\sigma z)^n=1+0+\frac{1}{1!}(\sigma z)^2+0+\frac{1}{2!}(\sigma z)^4+\cdots=e^{-\sigma^2 z^2}$$
である．収束半径は，z によらず ∞ で，(B^*)-法の条件 (本文 pp. 98-99) (1), (2) は成り立っている．条件 (3) を確かめるには $\int_0^\infty e^{-\sigma}B(\sigma)d\sigma=\int_0^\infty e^{-(z^2\sigma^2+\sigma)}d\sigma$ が収束する z の範囲を調べる．$z=x+iy$ とおいて $z^2\sigma^2+\sigma=(x^2-y^2)\sigma^2+\sigma+2ixy\sigma^2$．故に，$\mathsf{D}:=\left\{z\,\middle|\,|\mathrm{Im}\,z|<|\mathrm{Re}\,z|\right\}$ として $F(z):=\int_0^\infty e^{-(z^2\sigma^2+\sigma)}d\sigma\ \ (z\in\mathsf{D})$ により解析関数が定義される．積分を実行しよう．$z^2\sigma^2+\sigma=z^2\left(\sigma+\dfrac{1}{2z^2}\right)-\dfrac{1}{4z^2}$ だから $w:=z\left(\sigma+\dfrac{1}{2z^2}\right)$ とおいて

$$F(z)=\frac{1}{z}e^{1/(4z^2)}\int_{1/(2z)}^\infty e^{-w^2}dw=\frac{1}{z}e^{1/(4z^2)}\left(\int_0^\infty e^{-w^2}dw-\int_0^{1/(2z)}e^{-w^2}dw\right)$$
$$=\frac{1}{z}e^{-/(4z^2)}\left(\frac{\sqrt{\pi}}{2}-\int_0^{1/(2z)}e^{-w^2}dw\right).$$

第 5 章

5.1 省略.

5.2 前問の Padé 近似を $x<0$ まで解析接続する.

5.3
$$P_0^{(1)} = f_0 + f_1(-x), \qquad Q_0^{(1)} = 1$$

であり,また

$$P_1^{(1)} = \begin{vmatrix} f_2 & f_3 \\ (-x)f_0+(-x)^2f_1 & f_0+(-x)f_1+(-x)^2f_2 \end{vmatrix}, \qquad Q_1^{(1)} = \begin{vmatrix} f_2 & f_3 \\ -x & 1 \end{vmatrix}$$

を用いて計算すると

$$P_1^{(1)}Q_0^{(1)} - P_0^{(1)}Q_1^{(1)} = (-x)^2 f_2^2$$

となる.

$$f_2^2 = D(1+j, 0)^2 \qquad (j=1)$$

であるから,これは (5.29) を例証している.

5.4

$$Q_2^{(0)} = \begin{vmatrix} f_1 & f_2 & f_3 \\ f_2 & f_3 & f_4 \\ (-x)^2 & -x & 1 \end{vmatrix},$$

$$P_2^{(0)} = \begin{vmatrix} f_1 & f_2 & f_3 \\ f_2 & f_3 & f_4 \\ (-x)^2 f_0 & (-x)f_0+(-x)^2 f_1 & f_0+(-x)f_1+(-x)^2 f_2 \end{vmatrix}$$
$$= \{f_0 + (-x)f_1\}Q_2^{(0)} + R_2^{(0)}$$

と書く.ここに

$$R_2^{(0)} := -(-x)^3 f_1 \begin{vmatrix} f_2 & f_3 \\ f_3 & f_4 \end{vmatrix} + (-x)^2 f_2 \begin{vmatrix} f_1 & f_2 \\ f_2 & f_3 \end{vmatrix}$$

である.また

$$Q_2^{(-1)} = \begin{vmatrix} f_0 & f_1 & f_2 \\ f_1 & f_2 & f_3 \\ (-x)^2 & -x & 1 \end{vmatrix},$$

$$P_2^{(-1)} = \begin{vmatrix} f_0 & f_1 & f_2 \\ f_1 & f_2 & f_3 \\ 0 & (-x)f_0 & f_0+(-x)f_1 \end{vmatrix} = \{f_0+(-x)f_1\}Q_2^{(-1)} + R_2^{(-1)}$$

と書く.ここに

$$R_2^{(-1)} := -\{f_0 + (-x)f_1\}(-x)^2 \begin{vmatrix} f_1 & f_2 \\ f_2 & f_3 \end{vmatrix} + (-x)^2 f_1 \begin{vmatrix} f_0 & f_2 \\ f_1 & f_3 \end{vmatrix}$$

であるが,このうち $(-x)^2$ の項は

$$-f_0 \begin{vmatrix} f_1 & f_2 \\ f_2 & f_3 \end{vmatrix} + f_1 \begin{vmatrix} f_0 & f_2 \\ f_1 & f_3 \end{vmatrix} = f_2(f_0 f_2 - f_1^2) = f_2 \begin{vmatrix} f_0 & f_1 \\ f_1 & f_2 \end{vmatrix}$$

となるから

$$R_2^{(-1)} = (-x)^2 f_2 \begin{vmatrix} f_0 & f_1 \\ f_1 & f_2 \end{vmatrix} - (-x)^3 f_1 \begin{vmatrix} f_1 & f_2 \\ f_2 & f_3 \end{vmatrix}.$$

したがって

$$\frac{P_2^{(0)}}{Q_2^{(0)}} - \frac{P_2^{(-1)}}{Q_2^{(-1)}} = \frac{1}{Q_2^{(0)} Q_2^{(-1)}} (R_2^{(0)} Q_2^{(-1)} - R_2^{(-1)} Q_2^{(0)})$$

の分子の 2 項を計算すると, x^5 と x^2 の係数は両者とも互いに等しく,相殺する.
しかし $(-x)^3$ の係数は

$R_2^{(0)} Q_2^{(-1)}$ から

$$-f_1 \begin{vmatrix} f_2 & f_3 \\ f_3 & f_4 \end{vmatrix} \cdot \begin{vmatrix} f_0 & f_1 \\ f_1 & f_2 \end{vmatrix} - f_2 \begin{vmatrix} f_1 & f_2 \\ f_2 & f_3 \end{vmatrix} \cdot \begin{vmatrix} f_0 & f_2 \\ f_1 & f_3 \end{vmatrix},$$

$R_2^{(-1)} Q_2^{(0)}$ から

$$-f_1 \begin{vmatrix} f_1 & f_2 \\ f_2 & f_3 \end{vmatrix} \cdot \begin{vmatrix} f_1 & f_2 \\ f_2 & f_3 \end{vmatrix} - f_2 \begin{vmatrix} f_1 & f_3 \\ f_2 & f_4 \end{vmatrix} \cdot \begin{vmatrix} f_0 & f_1 \\ f_1 & f_2 \end{vmatrix}$$

となり,互いに似ても似つかない.しかし,展開してみると互いに等しい.残るのは $(-x)^4$ の項で,その係数は

$R_2^{(0)} Q_2^{(-1)}$ から

$$f_1 \begin{vmatrix} f_0 & f_2 \\ f_1 & f_3 \end{vmatrix} \cdot \begin{vmatrix} f_2 & f_3 \\ f_3 & f_4 \end{vmatrix} + f_2 \begin{vmatrix} f_1 & f_2 \\ f_2 & f_3 \end{vmatrix} \cdot \begin{vmatrix} f_1 & f_2 \\ f_2 & f_3 \end{vmatrix},$$

$R_2^{(-1)} Q_2^{(0)}$ から

$$-f_0 \begin{vmatrix} f_1 & f_2 \\ f_2 & f_3 \end{vmatrix} \cdot \begin{vmatrix} f_2 & f_3 \\ f_3 & f_4 \end{vmatrix} + f_1 \begin{vmatrix} f_0 & f_2 \\ f_1 & f_3 \end{vmatrix} \cdot \begin{vmatrix} f_2 & f_3 \\ f_3 & f_4 \end{vmatrix} + f_1 \begin{vmatrix} f_1 & f_2 \\ f_2 & f_3 \end{vmatrix} \cdot \begin{vmatrix} f_1 & f_3 \\ f_2 & f_4 \end{vmatrix}$$

となり

$$\frac{P_2^{(0)}}{Q_2^{(0)}} - \frac{P_2^{(-1)}}{Q_2^{(-1)}} = \frac{(-x)^4 D(0,2) D(1,1)}{Q_2^{(0)} Q_2^{(-1)}}$$

を与える．ここに

$$D(0,2) = \begin{vmatrix} f_0 & f_1 & f_2 \\ f_1 & f_2 & f_3 \\ f_2 & f_3 & f_4 \end{vmatrix}, \quad D(1,1) = \begin{vmatrix} f_1 & f_2 \\ f_2 & f_3 \end{vmatrix}.$$

5.5

$$[n,n] - [n,n-1] = \frac{P_n^{(0)}}{Q_n^{(0)}} - \frac{P_n^{(-1)}}{Q_n^{(-1)}} = \frac{P_n^{(0)} Q_n^{(-1)} - P_n^{(-1)} Q_n^{(0)}}{Q_n^{(0)} Q_n^{(-1)}}$$

の分子 N は

$$N = \begin{vmatrix} f_1 & \cdots & f_{n+1} \\ \vdots & \ddots & \vdots \\ f_n & \cdots & f_{2n} \\ g_n & \cdots & g_0 \end{vmatrix} \begin{vmatrix} f_0 & \cdots & f_n \\ \vdots & \ddots & \vdots \\ f_{n-1} & \cdots & f_{2n-1} \\ (-x)^n & \cdots & 1 \end{vmatrix}$$
$$- \begin{vmatrix} f_0 & \cdots & f_n \\ \vdots & \ddots & \vdots \\ f_{n-1} & \cdots & f_{2n-1} \\ g'_n & \cdots & g'_0 \end{vmatrix} \begin{vmatrix} f_1 & \cdots & f_{n+1} \\ \vdots & \ddots & \vdots \\ f_n & \cdots & f_{2n} \\ (-x)^n & \cdots & 1 \end{vmatrix}. \quad (A.16)$$

ここに

$$g_0 = f_0 + f_1(-x) + \cdots + f_{n-1}(-x)^{n-1} + f_n(-x)^n,$$
$$g_1 = f_0(-x) + f_1(-x)^2 + \cdots + f_{n-1}(-x)^n,$$
$$\vdots$$
$$g_n = f_0(-x)^n$$

とおき，g_i の最後の項を除いたものを g'_i とおいた．特に $g'_n = 0$ である．

$$\begin{vmatrix} f_0 & \cdots & f_n \\ \vdots & \ddots & \vdots \\ f_{n-1} & \cdots & f_{2n-1} \\ g_n - g'_n & \cdots & g_0 - g'_0 \end{vmatrix} = (-x)^n \begin{vmatrix} 0 & \cdots & f_n \\ \vdots & \ddots & \vdots \\ f_{n-1} & \cdots & f_{2n-1} \\ f_0 & \cdots & f_n \end{vmatrix} = 0$$

なので，(A.16) の g'_i を g_i に置き換えることができる．

(A.16) の1番め，2番めの行列式の g_i と $(-x)^i$ の余因子をそれぞれ A_i, B_i とおくとき，$(-x)^k$ の係数が

$$c_k = \sum_i B_i(f_{k-i}A_0 + f_{k-i-1}A_1 + \cdots) - \sum_i (A \leftrightarrow B)$$

であり，i に関する和が

$$k-i \leqq n \quad \text{より} \quad i \geqq k-n \tag{A.17}$$

という制限を受ける．したがって k と n の大小で場合分けが必要である．

(a) $0 \leqq k \leqq n$ の場合

ここで (A.17) が何の制限にもなっていないので，f の添字が負のときは $f=0$ との約束の下で

$$\begin{aligned}
c_k &= \{B_0(f_k A_0 + \cdots + f_0 A_k) + B_1(f_{k-1}A_0 + \cdots + f_0 A_{k-1}) + \cdots + B_k(f_0 A_0)\} \\
&\quad - \{A \leftrightarrow B\} \\
&= \{B_0(f_k A_0 + \cdots + f_{k-n}A_n) + B_1(f_{k-1}A_0 + \cdots + f_{k-n-1}A_n) \\
&\quad + \cdots + B_n(f_{k-n}A_0 + \cdots + f_{k-2n}A_n)\} \\
&\quad - \{A_0(f_k B_0 + \cdots + f_{k-n}B_n) + A_1(f_{k-1}B_0 + \cdots + f_{k-n-1}B_n) \\
&\quad + \cdots + A_n(f_{k-n}B_0 + \cdots + f_{k-2n}B_n)\}
\end{aligned} \tag{A.18}$$

となり，すべて相殺して

$$c_k = 0 \qquad (0 \leqq k \leqq n)$$

が成り立つ．

(b) $n+1 \leqq k \leqq 2n$ の場合

(A.17) の制約 $i \geqq k-n$ から，(A.18) の $+$ 符号の項のうちから

$$B_0(f_k A_0 + \cdots + f_{k-n}A_n) + \cdots + B_{k-n-1}(f_{n+1}A_0 + \cdots + f_1 A_n) \tag{A.19}$$

が抜け落ち，$-$ 符号の項のうちからは

$$A_0(f_k B_0 + \cdots + f_{k-n}B_n) + \cdots + A_{k-n-1}(f_{n+1}B_0 + \cdots + f_1 B_n) \tag{A.20}$$

が抜け落ちる．

ところが $n+1 \leqq k \leqq 2n$ なので，ここでも (A.19) のすべての項が 0 となり，(A.20) については第 1 項の $k=2n$ のときを除いてすべて 0 となる．したがって

$$c_k = 0 \qquad (n+1 \leqq k \leqq 2n-1)$$

および

$$c_{2n} = A_0(f_{2n}B_0 + \cdots + f_n B_n) = D(1, n-1)\, D(0, n)$$

が得られ，(5.28)が証明された．

5.6

$$[n+1, n+1+j] - [n, n+j] = \frac{P_{n+1}^{(j)}}{Q_{n+1}^{(j)}} - \frac{P_n^{(j)}}{Q_n^{(j)}} = \frac{P_{n+1}^{(j)} Q_n^{(j)} - P_n^{(j)} Q_{n+1}^{(j)}}{Q_n^{(j)} Q_{n+1}^{(j)}}$$

の最右辺の分子を N とおくと

$$N = \begin{vmatrix} f_{j+1} & \cdots & f_{j+n+2} \\ \vdots & \ddots & \vdots \\ f_{j+n+1} & \cdots & f_{j+2n+2} \\ g_{n+1} & \cdots & g_0 \end{vmatrix} \begin{vmatrix} f_{j+1} & \cdots & f_{j+n+1} \\ \vdots & \ddots & \vdots \\ f_{j+n} & \cdots & f_{j+2n} \\ (-x)^n & \cdots & 1 \end{vmatrix}$$

$$- \begin{vmatrix} f_{j+1} & \cdots & f_{j+n+1} \\ \vdots & \ddots & \vdots \\ f_{j+n} & \cdots & f_{j+2n} \\ g_n' & \cdots & g_0' \end{vmatrix} \begin{vmatrix} f_{j+1} & \cdots & f_{j+n+2} \\ \vdots & \ddots & \vdots \\ f_{j+n+1} & \cdots & f_{j+2n+2} \\ (-x)^{n+1} & \cdots & 1 \end{vmatrix}. \quad (A.21)$$

ここに

$$g_0 = f_0 + f_1(-x) + \cdots + f_{j+n+1}(-x)^{j+n+1}$$
$$g_1 = f_0(-x) + f_1(-x)^2 + \cdots + f_{j+n}(-x)^{j+n+1}$$
$$\vdots$$
$$g_{n+1} = f_0(-x)^{n+1} + \cdots + f_j(-x)^{j+n+1} \quad (A.22)$$

とおき，g_i の最後の項を除いたものを g_i' とおいた．ただし，$j = -1$ のときは $g_{n+1} = 0$ とする．

$$\begin{vmatrix} f_{j+1} & \cdots & f_{j+n+1} \\ \vdots & \ddots & \vdots \\ f_{j+n} & \cdots & f_{j+2n} \\ g_n - g_n' & \cdots & g_0 - g_0' \end{vmatrix} = x^{j+n+1} \begin{vmatrix} f_{j+1} & \cdots & f_{j+n+1} \\ \vdots & \ddots & \vdots \\ f_{j+n} & \cdots & f_{j+2n} \\ f_{j+1} & \cdots & f_{j+n+1} \end{vmatrix} = 0$$

なので，(A.21) の g_i' は g_i に置き換えてよい．これは前問と同様である．

(A.21) を $-x$ のベキに展開したときの $(-x)^k$ の係数を c_k としてこれを計算する．(A.21) の右辺の1番めの行列式の g_i の余因子を A_i ($i = 1, \cdots, n+1$)，2番めの行列式の $(-x)^i$ の余因子を B_i ($i = 1, \cdots, n$) とおくと，3, 4番めの行列式の g_i'，$(-x)^i$ の余因子はそれぞれ B_i，A_i になっているので

$$c_k = \sum_i B_i(f_{k-i}A_0 + f_{k-i-1}A_1 + \cdots) - \sum_i (A \leftrightarrow B) \qquad (\text{A.23})$$

となる．A, B, f の添字の和が k になることに注意する．

ただし和について，行列式(A.21)の行 $g_{n+1}\cdots g_0$ による展開から $(-x)^{k-i}$ の項を拾ったのが(A.23)の第1項の $f_{k-i}A_0 + f_{k-i-1}A_1 + \cdots$ だから，(A.22)の g_i がすべて $j+n+1$ 次以下なので

$$k-i \leq j+n+1 \quad \text{したがって} \quad i \geq k-(j+n+1) \qquad (\text{A.24})$$

という制限があり，第2項からも同じ制限が出てくる．したがって，前問と同様，k と $j+n+1$ の大小に関して場合分けが必要となる．

(a) $0 \leq k \leq j+n+1$ の場合

$k \leq j+n+1$ なので(A.24)は i に関する和に何の制限も与えない．したがって，f の添字が負のときは $f=0$ の約束の下で

$$\begin{aligned}
c_k = \{&B_0(f_k A_0 + \cdots + f_{k-n-1}A_{n+1}) + B_1(f_{k-1}A_0 + \cdots + f_{k-n-2}A_{n+1}) \\
&+ \cdots + B_n(f_{k-n}A_0 + \cdots + f_{k-2n-1}A_{n+1})\} \\
-\{&A_0(f_k B_0 + \cdots + f_{k-n}B_n) + A_1(f_{k-1}B_0 + \cdots + f_{k-n-1}B_n) \\
&+ \cdots + A_{n+1}(f_{k-n-1}B_0 + \cdots + f_{k-2n-1}B_n)\} \qquad (\text{A.25})
\end{aligned}$$

となり，添字の和が k となるすべての組み合わせが正負の符号をもって現れるので，すべて相殺して

$$c_k = 0 \qquad (0 \leq k \leq j+n+1)$$

が成り立つ．

(b) $j+n+2 \leq k \leq j+2n+1$ の場合

(A.24)からの制限

$$i \geq k-(j+n+1)$$

があるので，(A.25)の $+$ 符号の項のうちから

$$B_0(f_k A_0 + \cdots + f_{k-n-1}A_{n+1}) + \cdots + B_{k-n-j-2}(f_{j+n+2}A_0 + \cdots + f_{j+1}A_{n+1}) \qquad (\text{A.26})$$

が抜け落ち，$-$ 符号の項のうちからは

$$A_0(f_k B_0 + \cdots + f_{k-n}B_n) + \cdots + A_{k-n-j-2}(f_{n+j+2}B_0 + \cdots + f_{j+2}B_n) \qquad (\text{A.27})$$

が抜け落ちる.

$j+n+2 \leqq k \leqq j+2n+1$ なので，(A.26) のすべての $(\cdots)$ が (A.21) の1番め行列式の最後の行を他のいずれかの行で置き換えた行列式の余因子展開になっていて，したがって (A.26) は 0 である．

(A.27) も，$j+n+2 \leqq k \leqq j+2n$ に対しては (A.21) の3番めの行列式に対する同様の議論から 0 である．したがって
$$c_k = 0 \qquad (j+n+2 \leqq k \leqq j+2n).$$
ところが
$$k = j+2n+1$$
に対しては，(A.27) の第1項のみには同じ議論があてはまらず，
$A_0(f_k B_0 + \cdots + f_{k-n} B_n) = A_0(f_{j+2n+1} B_0 + \cdots + f_{j+n+1} B_n) = \{D(j+1,n)\}^2$
となる．したがって
$$c_{j+2n+1} = \{D(j+1,n)\}^2.$$
以上により (5.29) が証明された．

5.7 極限 $1/(1+x)$ は
$$\rho(t) = \begin{cases} 1 & t > 1 \\ 0 & t < 1 \end{cases}$$
とした Stieltjes 関数 (5.8) である．

5.8 省略．

5.9 (5.73) から，$E_0(1,0)$ は実数だから
$$\operatorname{Im} E_0(1,\beta) = \operatorname{Im}\beta \int_0^\infty \frac{1+t\operatorname{Re}\beta}{|1+t\beta|^2} d\rho(t) - \operatorname{Re}\beta \int_0^\infty \frac{t\operatorname{Im}\beta}{|1+t\beta|^2} d\rho(t)$$
$$= \operatorname{Im}\beta \int_0^\infty \frac{d\rho(t)}{|1+t\beta|^2}$$
となり引き算した Stieltjes 関数に移った結果，$-E_0(1,\beta)$ ではなく $E_0(1,\beta)$ が Herglotz 性をもつことになった．

5.10 Padé 近似を
$$\begin{array}{l} a_0 + a_1\beta + a_2\beta^2 + \cdots \\ a_1 + a_2\beta + \cdots \end{array} \quad \text{に対して} \quad \begin{array}{l} \widetilde{P}_n^{(j+1)}/\widetilde{Q}_n^{(j+1)} \\ P_n^{(j)}/Q_n^{(j)} \end{array}$$
とする．(5.7) によれば

$$\widetilde{P}_n^{(j+1)} = \begin{vmatrix} a_{j+2} & a_{j+3} & \cdots & a_{j+n+2} \\ a_{j+3} & a_{j+4} & \cdots & a_{j+n+3} \\ \vdots & \vdots & \ddots & \vdots \\ a_{j+n+1} & a_{j+n+2} & \cdots & a_{j+2n+1} \\ \sum_{k=n}^{n+j+1} a_{k-n}\beta^k & \sum_{k=n-1}^{n+j+1} a_{k-n+1}\beta^k & \cdots & \sum_{k=0}^{n+j+1} a_k\beta^k \end{vmatrix}$$

および

$$\widetilde{Q}_n^{(j+1)} = \begin{vmatrix} a_{j+2} & a_{j+3} & \cdots & a_{j+n+2} \\ a_{j+3} & a_{j+4} & \cdots & a_{j+n+3} \\ \vdots & \vdots & \ddots & \vdots \\ a_{j+n+1} & a_{j+n+2} & \cdots & a_{j+2n+1} \\ \beta^n & \beta^{n-1} & \cdots & 1 \end{vmatrix} = Q_n^{(j)}$$

に対して，$P_n^{(j)}/Q_n^{(j)}$ の級数 $a_1 + a_2\beta + \cdots$ では a の添字が1だけ進んでいることに注意して

$$\beta P_n^{(j)} = \beta \begin{vmatrix} a_{j+2} & a_{j+3} & \cdots & a_{j+n+2} \\ a_{j+3} & a_{j+4} & \cdots & a_{j+n+3} \\ \vdots & \vdots & \ddots & \vdots \\ a_{j+n+1} & a_{j+n+2} & \cdots & a_{j+2n+1} \\ \sum_{k=n}^{n+j} a_{k-n+1}\beta^k & \sum_{k=n-1}^{n+j} a_{k-n+2}\beta^k & \cdots & \sum_{k=0}^{n+j} a_{k+1}\beta^k \end{vmatrix}$$

$$= \begin{vmatrix} a_{j+2} & a_{j+3} & \cdots & a_{j+n+2} \\ a_{j+3} & a_{j+4} & \cdots & a_{j+n+3} \\ \vdots & \vdots & \ddots & \vdots \\ a_{j+n+1} & a_{j+n+2} & \cdots & a_{j+2n+1} \\ \sum_{l=n+1}^{n+j+1} a_{l-n}\beta^l & \sum_{l=n}^{n+j+1} a_{l-n+1}\beta^l & \cdots & \sum_{l=1}^{n+j+1} a_l\beta^l \end{vmatrix}. \quad (\text{A.28})$$

ただし，最後の行列式で $l=k+1$ とおいた．これに

$$a_0 Q_n^{(j)} = \begin{vmatrix} a_{j+2} & a_{j+3} & \cdots & a_{j+n+2} \\ a_{j+3} & a_{j+4} & \cdots & a_{j+n+3} \\ \vdots & \vdots & \ddots & \vdots \\ a_{j+n+1} & a_{j+n+2} & \cdots & a_{j+2n+1} \\ a_0\beta^n & a_0\beta^{n-1} & \cdots & a_0 \end{vmatrix}$$

を加えると，l を k に戻して

$$\beta P_n^{(j)} + a_0 Q_n^{(j)} = \begin{vmatrix} a_{j+2} & a_{j+3} & \cdots & a_{j+n+2} \\ a_{j+3} & a_{j+4} & \cdots & a_{j+n+3} \\ \vdots & \vdots & \ddots & \vdots \\ a_{j+n+1} & a_{j+n+2} & \cdots & a_{j+2n+1} \\ \sum_{k=n}^{n+j+1} a_{k-n}\beta^k & \sum_{k=n-1}^{n+j+1} a_{k-n+1}\beta^k & \cdots & \sum_{k=0}^{n+j+1} a_k \beta^k \end{vmatrix}$$

となり，$\beta P_n^{(j)} + a_0 Q_n^{(j)} = \widetilde{P}_n^{(j+1)}$ が示され，(A.28) と合わせて

$$\frac{\beta P_n^{(j)}(\beta) + a_0 Q_n^{(j)}(\beta)}{Q_n^{(j)}(\beta)} = \frac{\widetilde{P}_n^{(j+1)}(\beta)}{\widetilde{Q}_n^{(j+1)}(\beta)} \tag{A.29}$$

が証明された．ただし，$j < -1$ の場合には (A.28) において最後の行のいくつかの和の範囲がなくなり 0 とおくことになるので (A.29) は成り立たない．これは (5.86) の下に述べた結論と一致している．

欧文索引

Abel 型の定理　94
Abel の総和法　93
Airy 関数　73, 81
　——のグラフ　74
　——の漸近形　81
(B)-一様総和可能　107
(B′)-総和可能　96
Bessel 関数
　——の漸近形　71
Borel 級数　96, 99, 102, 104
Borel 総和法　95
Borel′ 総和法　96
Borel* 総和法　98, 99
Bose 粒子　78
(C,1)-総和法　91
Carleman の定理　86
Carleman の判定条件　120
Cauchy の意味で収束　92
Cesàro の総和法　90
complementary error function　21, 56
Dawson の積分　25
de Broglie 波　75
Dirichlet 核　92
Euler 変換　11, 18
　——の計算法　14
　漸近ベキ級数の——　16
Fejér 核　92
Fermi 粒子　41, 78
Fourier 級数　91
　——のパラドックス　94, 106
Fourier 変換　28, 79
Gauss 分布　21, 60
Hankel 関数　43, 52
　——の漸近形　51, 55

　——の微分方程式　44
Herglotz 性　122, 128, 129
Hermite 多項式　65
　——の漸近形　69, 70
　——の母関数　65
Jacobi の定理　116
Kato-Rellich の定理　125
Knopp, K.　19
Landau の記号　5
Langer, R. E.　71, 82
Laplace 変換　30, 104
Legendre 関数
　——の漸近形　77
Legendre 変換
　大偏差原理における——　61
　力学における——　62
Lindeberg の条件　80
Madelung 定数　11
Milne の定理　134
Olver, F. W. J.　71, 82
Padé 近似　109, 133, 135
　——の収束　115, 134
Salekhov の判定法　19
Schrödinger 方程式　64, 134
Stieltjes 関数　111, 130, 133
　——の判定条件　120
Stieltjes 級数　112, 132
Stirling の公式　3, 69, 71, 76, 102
Stokes 現象　25, 57
Stokes 線　5, 6, 25, 59
Tauber 型の定理　92
Watson の補題　30, 40, 53, 57
Watson–Nevanlinna–Sokal の定理
　99, 104, 105, 107

和文索引

ア行

鞍点　47, 51, 60, 62, 67, 69
　——の合体　71, 82
　p 次の——　48, 72
鞍点法　45, 50, 51
　——の基礎　80
今井功　71
薄める(級数を)　106

カ行

化学ポテンシャル　78
角運動量の固有関数　77
拡張性　85
角領域　5, 32, 86
完全楕円積分
　第一種の——　34
完全に単調な減少数列　19
級数の収束を速める法　10, 15, 18
誤差　3
古典力学への回帰　63, 69, 75

サ行

最急勾配法　45, 52
猿の腰掛け　72
収束因子　83
状態和
　Bose 粒子系の——　78
　Fermi 粒子系の——　78
水準線　47
整合性　85
正則性(総和法の)　85, 88
積分への寄与の集中化　43
摂動級数　123, 131, 132, 135

摂動論　131
漸近級数　4, 109, 132
漸近的減少列　6
漸近展開
　——の Poincaré の定義　6
　——の定義と実用性　35
　累積 Gauss 分布の——　19, 22
漸近ベキ級数　4
総和可能多角形　108
総和法　87, 109

タ行

対応原理　63, 69, 75
大偏差原理　62, 80
楕円積分　34
中心極限定理　60, 80
調和条件　46
調和振動子　64
調和振動子の固有関数　65
　——の漸近形　69, 75
転回点　66, 71
峠　46
峠道　45, 56
　——の方法　45
トンネル効果　69

ハ行

発散級数　4, 15, 113
波動関数の古典極限　74
波動の伝播　78
林桂一　23, 38
"引き算した" Stieltjes 関数　130
非調和振動子　123, 132, 135
変形 Bessel 関数　33

和文索引

——の漸近形　33, 40, 77
細矢治夫　13

マ 行

丸めた主値積分　26
丸めたデルタ関数　26

モーメント問題　112, 120
森口繁一　12, 19, 23, 38

ラ 行

累積 Gauss 分布　19, 21
——の漸近形　22, 59

■岩波オンデマンドブックス■

漸近解析入門

2013年8月29日　第1刷発行
2018年6月12日　オンデマンド版発行

著者　　江沢　洋

発行者　岡本　厚

発行所　株式会社　岩波書店
〒101-8002　東京都千代田区一ツ橋2-5-5
電話案内　03-5210-4000
http://www.iwanami.co.jp/

印刷／製本・法令印刷

© Hiroshi Ezawa 2018
ISBN 978-4-00-730772-0　　Printed in Japan